超速理解

圖解

太空經濟

Super
Fast Guide
to Space
Business.

片山俊大

U0073060

片山俊大

- 一般社團法人Space Port Japan的共同創業者及理事。早稻田大學研究所碩士（經濟學）畢業後，進入日本電通集團就職。涉足促銷、媒體行銷、創意、內容營銷等各種領域的專案計畫。曾負責經營化妝品業者和綜合電機業者的社群帳號。後續也擔任過日本政府、地方政府的公共策略負責人。

- 2015年起，因工作深入瞭解日本及阿聯的太空暨資源外交，從而進入太空相關事業開發產業。專業領域有「廣告與宣傳」、「成立新創企業」、「M&A」、「公共策略／促進官民共治」、「娛樂內容策略」。

- 目前正利用上述廣泛的知識舉辦演講、工作坊等許多活動。擅長透過解讀複雜的經濟環境和社會現況，使其單純化，經手許多異業結盟的計畫。

取材協力　一般社團法人Space Port Japan
https://www.spaceport-japan.org

超速理解太空經濟—— 一次掌握新世紀潛力股

CHOSOKU DE WAKARU! UCHU BUSINESS
Copyright © Toshihiro Katayama 2021
Chinese translation rights in complex characters arranged with Subarusya Corporation
through Japan UNI Agency, Inc., Tokyo

出　　　版／楓葉社文化事業有限公司
地　　　址／新北市板橋區信義路163巷3號10樓
郵 政 劃 撥／19907596　楓書坊文化出版社
網　　　址／www.maplebook.com.tw
電　　　話／02-2957-6096
傳　　　真／02-2957-6435
作　　　者／片山俊大
插　　　畫／前田はんきち
封 面 設 計／岩永香穗（MOAI）
本 文 設 計／八木麻祐子（Isshiki）
翻　　　譯／徐瑜芳
責 任 編 輯／邱凱蓉
內 文 排 版／洪浩剛
港 澳 經 銷／泛華發行代理有限公司
定　　　價／350元
初 版 日 期／2023年9月

國家圖書館出版品預行編目資料

超速理解太空經濟：一次掌握新世紀潛力股／
片山俊大作；徐瑜芳譯. -- 初版. -- 新北市：楓
葉社文化事業有限公司, 2023.09　面；　公分

ISBN 978-986-370-586-4（平裝）

1. 太空工程　2. 太空科學　3. 產業發展

447.9　　　　　　　　　　　　　112012246

最近，尤其是近幾年來，
陸續有各種火箭及太空船飛向太空了。

為什麼會這樣呢？

其實，進入了 2020 年代後，
太空已不僅限於「科學」領域，
而是被視為「商業」領域了。

太空中配置了大量的人造衛星；
國際太空站出現在電影及影片中；
還有各種形式的太空旅行可以選擇。

現在的世界，
正在陸續開發
「新的太空使用方式」。

具有足以和國家抗衡的影響力，
也有充足銀彈的
科技業億萬富翁們，
正陸續涉足太空經濟。

不過，太空旅行
對於他們的目標來說
只是個起點。
接下來才要正式開始。

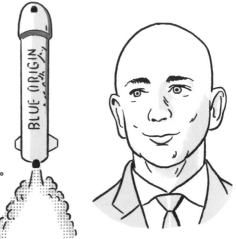

他們這麼做的原因在於⋯⋯

**解決目前經濟、社會及
地球全體問題的答案，
就在太空中！**

事實上，太空經濟的市場規模正在急速擴大，
未來還有加速的趨勢。

網際網路、大數據、
金融、農林漁牧、
旅遊、製藥、能源等⋯⋯

地球上各式各樣既有產業的
活動範圍都在擴大，
最終將擴張至太空中。

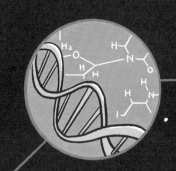

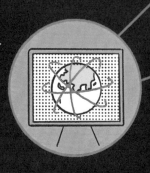

目前世界上的太空產業
市場規模有40兆日圓，
2040年可望達到100兆日圓。

應該有許多人會說：
「太空產業跟我沒什麼關係吧……」

其實，只是你沒有注意到而已。
例如智慧型手機、汽車導航的位置資訊、
天氣預報、衛星傳播等，

在日常生活及商業的場景中，
我們都在使用著太空資源。

沒錯！
現在我們已經處於
「不靠太空就無法成立」的
時代了。

這樣巨大的「時代變化」，
我們也曾經歷過幾次。

20 世紀為
「全球化時代」。

透過船舶與飛機的發展，
許多人類開始跨越國境。
隨之而來的，
是跨國市場、供應鏈的誕生。

接著，

21世紀為
「寰宇時代」。

開始有更多人類
往來於太空及地球的邊境（100㎞高空），
超過大氣層的市場和供應鏈應運而生。

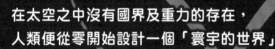

在太空之中沒有國界及重力的存在，
人類便從零開始設計一個「寰宇的世界」。

太空經濟
對於日本的
產業結構及
地理位置而言，
都是一個
大好機會。

太空產業原本就是日本的強項，
而且，日本還有許多可以轉移到
太空產業的技術及產業。

日本正處於「失落的30年」，
從各方觀點看來，
都面臨到一個嚴重的狀況。
對日本來說，
太空經濟正是一個大好機會。

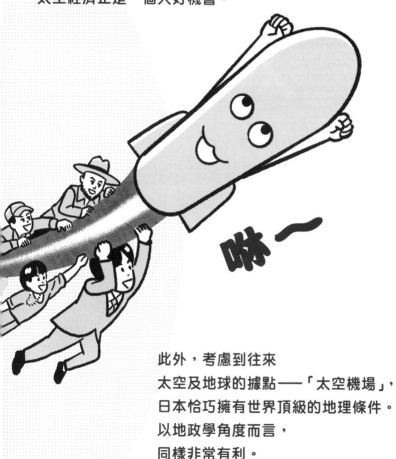

啾一

此外，考慮到往來
太空及地球的據點──「太空機場」，
日本恰巧擁有世界頂級的地理條件。
以地政學角度而言，
同樣非常有利。

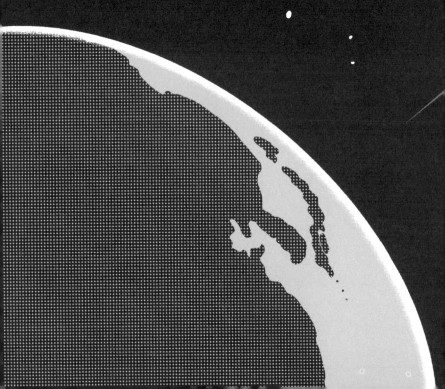

太空

或許會是
我們僅存的
最後一片新天地。

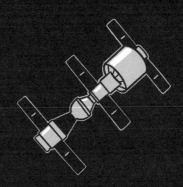

前言

說來有點突然，不過想問問大家，對「太空經濟」感興趣嗎？

「嗯…沒什麼興趣耶。聽起來好像很重要，但是跟自己的工作及生活沒有直接的關係。」

「老實說，沒興趣。光考慮地球上的事情就夠多了‼」

「是說，太空經濟到底是指什麼？」

會這樣想的人應該很多吧。其實幾年前，我也覺得太空經濟和自己沾不上邊，完全不感興趣。沒想到這樣的我竟然會出版和太空相關的書籍，真是始料未及。

2015年時，因為一個偶然的機會，我負責了「資源能源產業及太空產業合併計畫」的工作，在那之後，因為各種緣分的促成，不知不覺就和太空產業締結了密切的關係。

兒童時期及青少年時期，我因為好奇心旺盛，也很喜歡太空相關的事物。不過，出社會之後，為了解決各種堆積如山的現實問題，進而對這些事物完全失去興趣，變得漠不關心。像我這樣對太空不感興趣，卻從事相關工作的人，在太空業界是非常罕見的類型。不過，也因為有著這樣的背景，才會驚訝地發現：「未來所有的經濟活動，都和太空脫不了關係！」

無論對太空是否感興趣，從智慧型手機、汽車導航的GPS、衛星傳播、天氣預報、災害應變、農業、保險到金融，太空的影響其實已經滲透到我們的生活及經濟等各個角落。

接下來，為了將人造衛星及人類送到太空中，太空運輸的需求也會激增。隨著這樣的需求增加，作為出發地的太空機場的需求也會連帶增加。

如果，你的家鄉蓋了一座太空機場，帶動的相關產業之廣，應該會為地方產業帶來難以預測的衝擊。我認為這股衝擊力道會超越新幹線車站、機場及大企業的搬遷等。

稍微可以想像了嗎？簡單來說，無論你對太空有沒有興趣，「沒有太空就無法成立」的時代已經來臨，就像現在已經是「沒有網路就不能運轉」的時代了。正因為這樣，太空經濟相關知識絕對是掌握世界主要潮流不可或缺的一環。雖說如此，還是有許多人會想：

「太空聽起來好深奧。」

「太空經濟感覺門檻很高。」

不過，請大家放心。各位手中的這本，應該是全日本最簡單，可以讓人輕鬆愉快地掌握太空產業全貌的一本書。

事實上，我在工作上已經數度向與太空無緣的人講解太空經濟。對象包含中央政府、地方政府、非太空相關企業、媒體、學生等各種領域的人士，他們大多對於太空幾乎沒有任何興趣及浪漫幻想。

一開始，總會接到幾個初步詢問，像是「火箭到底是做什麼的？」、「為什麼會有人造衛星呢？」等等。這時，我就會以「對太空沒興趣的人」的角度來說明。講解之後，大家的表情多多少少都會開朗起來，並且興味盎然地繼續聽下去。讓沒有興趣的人產生興趣，其實就是我的本業——「廣告與宣傳」之中很重要的一部分。

因此，本書最重視的就是「讓對太空不感興趣的人產生興趣」。對於目前為止與太空業界毫不相關的人來說，這是最適合的入門書。也很推薦給想在1小時內瞭解太空經濟的人。透過一個主題配一個版面的插畫圖解，讓你超速理解太空經濟。

接下來，人類將從跨越國境的「全球化時代」，進入超越大氣層的「寰宇時代」。希望本書可以作為即將來臨的寰宇時代入門書，盡可能地成為大家的助力。

2021 年 10 月 10 日

片山俊大

第 **1** 章　**人類將前往太空**
大國間的競爭促使太空科技加速開發

1　**一切從認真的妄想開始**〔19 世紀末～〕 28

受到科幻小說影響，科學家們為了實現夢想，正式展開了開發太空活動。

2　**人類以飛彈首次進入太空**〔第二次世界大戰～〕 30

第二次世界大戰中，德軍投入龐大的預算開發出「彈道飛彈」這種火箭，作為兵器之用。

3　**太空開發競賽的開端～蘇聯取得先機～**〔冷戰 1950 年代～〕 32

冷戰期間，美國與蘇聯開始進行太空發展。軍事與政治宣傳的競爭加速了太空發展過程。

4　**太空競賽白熱化～美國展開反擊～**〔冷戰 1960 年代～〕 34

竟然被蘇聯超越！不服輸的美國投入大量預算及技術，成功讓人類登陸月球。

5　**太空競賽的轉換～接下來要通往何方？～**〔冷戰 1970 年代～〕 36

人類成功登陸月球後，美蘇的宣傳競賽便告一個段落。失去主要目標後，兩國的太空開發開始往新的方向探索。

6　**冷戰後轉為和平用途的國際太空站**〔冷戰 1970 年代～結束〕 38

70 年代之後，美蘇的「太空站」開發競賽，在蘇聯崩解後轉由世界共同開發。

7　**太空競賽重啟!? ～美中對立～**〔2020 年代～〕 40

隨著中國勢力抬頭，以美國為中心的自由主義陣營與中國共產黨之間的太空競賽突然展開!?
這也成為太空經濟急速成長的原動力！

Column　教教我！太空的工作 1　太空人　山崎直子 42

開發太空，通往新的階段
不論東方、西方，或是官方、民間

第 6 章　太空旅遊經濟終於正式啟動！後疫情時代的觀光產業

第 **1** 章

人類
將前往太空

大國間的競爭
促使太空科技加速開發

首先，要向大家約略介紹發展太空經濟不能缺少
的太空開發歷程。

許多人應該長年夢想著：「真希望有一天能飛向
太空～」沒想到進入20世紀後，大國真的開始
以龐大的軍事經費逐步實現這份浪漫情懷。

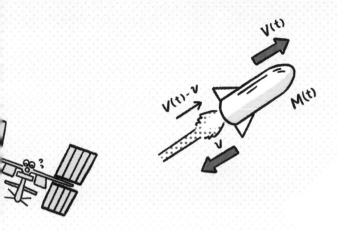

1

一切從認真的妄想開始

受到科幻小說影響，科學家們為了實現夢想，正式展開了開發太空活動。

充滿魅力的科幻小說登場

「太空之旅」一直以來被人類視為神話及幻想世界。然而，儒勒・凡爾納將這樣的科學幻想寫成小說。以這類「認真妄想」為契機，人類也開始認真地著手開發太空。

《從地球到月球》儒勒・凡爾納（法）1865年

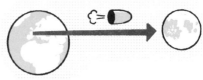

講述人類乘坐著大砲繞行月球一周再回到地球的故事。為現代的太空開發及行星調查帶來很大的影響。

終於實現科學幻想

人類飛向太空的夢想，都是因為有這些世俗眼中「奇怪的人」，才能朝向現實邁進。

「太空旅行之父」齊奧爾科夫斯基（俄）1897年

只要使用火箭，人類是可以飛到太空的哦。

曾經有人將這樣的「妄想」當真！

科幻小說家，同時也是俄羅斯科學家。齊奧爾科夫斯基在1897年發表了「火箭方程式」。透過方程式推演顯示，理論上人類是可以飛到太空的。

還有人認真看待這個「理論」！

「火箭之父」戈達德（美）1926年

在真空狀態中不可能飛行，戈達德連的知識水準甚至不如高中生。 by 紐約時報

1926年，美國發明家戈達德成功發射了液態燃料火箭，飛行時間只有2.5秒，到達高度為12公尺，但是已經為今日的火箭技術奠定基礎。

「只要是人類能想像到的事物，必定有人能將其實現」。就像凡爾納所述，這些認真妄想的科學家即使受到周圍的人嘲笑，但正因為他們的探究，太空旅行的夢想才得以踏出第一步。

人類以飛彈首次進入太空

第二次世界大戰中，德軍投入龐大的預算開發出「彈道飛彈」這種火箭，作為兵器之用。

💡 戰時，「V2」火箭於德國完成

德國天才馮布朗受到火箭工程學家奧伯特的影響，開始開發火箭。為了研究如何到達太空，需要龐大的資金，後來透過德軍提供的資金，才開發出V2火箭。

成功經過太空

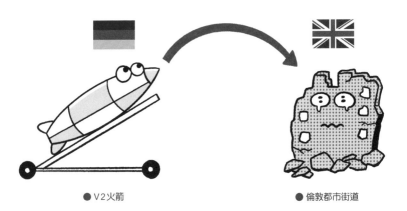

●V2火箭

● 倫敦都市街道

💡 戰後，美蘇的火箭工程優秀人才流動

馮布朗在戰後前往美國繼續研究，為人類首次登陸月球的「阿波羅計畫」帶來貢獻。此外，也有一部分阿波羅計畫的工作人員轉而前往蘇聯，與蘇聯的天才科羅廖夫繼續研究V2的技術。

人類首次「登陸月球」

德國戰敗後，
馮布朗
逃往美國。

● 馮布朗及工作人員

● 阿波羅計畫

冷戰開始
＋
核能開發及太空競賽

人類史上首次的「人造衛星」及「載人太空飛行」

部分工作人員
帶著V2設計圖
前往蘇聯，
與科羅廖夫
共事。

● 蘇聯天才
謝爾蓋·科羅廖夫

● 史普尼克號與
太空人加加林

像這樣在戰爭中進化的火箭工業科學，在之後也持續於美蘇兩大強權國家內發展，兩個國家都擔任了冷戰時期軍事、科學技術方面的要角。

3

太空開發競賽的開端
～蘇聯取得先機～

冷戰期間，美國與蘇聯開始進行太空發展。軍事與政治宣傳的競爭加速了太空發展過程。

💡 以「衛星」從太空威嚇敵國！

1957 年，蘇聯向地心軌道發射了人類史上第一枚人工衛星「史普尼克 1 號」，當時此舉震驚了全世界。尤其是美國，不僅受到了「竟然被蘇聯超越！」的衝擊，同時也陷入恐慌，擔心蘇聯會從太空中監視或是投下核彈。

此次衝擊稱作「史普尼克危機」！

繞著地球發送電波的史普尼克 1 號

騙人的吧⋯竟然可以繞行地球⋯

會不會丟核彈下來⋯

不敢相信竟然會輸給蘇聯⋯

蘇聯會不會從上空監視我們⋯

美國竟然輸了！！

💡 取得先機的蘇聯，
於「載人太空飛行」再次獲得成功

　　1961 年，蘇聯的尤里‧加加林乘坐著東方1號，成功完成人類首次的載人太空飛行。加加林繞行地球一周後，再次回到大氣層，從7000公尺高處在返回艙中被彈射出來，接著以降落傘著陸，平安歸來。

東方1號以108分鐘繞行地球一周

受到全世界歡迎的加加林

　　其後，加加林被視為人類英雄，接受世界各國訪問，蘇聯也藉此展現了國力。而著急的美國，在那之後更積極地進行太空競爭，全力投入於「阿波羅計畫」中。

4

太空競賽白熱化
～美國展開反擊～

竟然被蘇聯超越！不服輸的美國投入大量預算及技術，成功讓人類登陸月球。

💡 甘迺迪總統發表了「阿波羅計畫」

因為蘇聯的成功而焦急的美國，鎖定了起死回生的逆轉機會，在 1961 年，甘迺迪總統發表了「人類將在 10 年內登陸月球」的聲明。為了推動「阿波羅計畫」，美國投入了龐大的國家預算（合計約 250 億美元）及 40 萬人力。

● 甘迺迪總統的萊斯大學演講

此時奠定了科學技術立國的基礎

由「阿波羅計畫」栽培的技術中，又衍生出電腦業界及金融工程學。在那之後，美國便站穩了創新的領導地位。

接著，人類終於要前往月球了！

1969年，尼爾‧阿姆斯壯及伯茲‧艾德林搭乘阿波羅11號，成功完成了人類首次登陸月球的任務。在太空梭外活動約2小時15分鐘後，採集21.5公斤的月球物質帶回地球。

降落在月球表面的太空人

> 1970年的大阪萬國博覽會也展示過月之石！

利用媒體大力宣傳美國的優越性

> 這是我個人的一小步，卻是人類的一大步。

太空人登陸月球的模樣在全世界轉播，當時有6億人收看（相當於世界人口的5分之1）。藉由這次機會，美國也重新建立了曾經被蘇聯擊碎的威信。

5

太空競賽的轉換
～接下來要通往何方？～

人類成功登陸月球後，美蘇的宣傳競賽便告一個段落。失去主要目標後，兩國的太空開發開始往新的方向探索。

💡 縮減預算，大幅調整方針

在阿波羅11號之後，美國成功完成了6次載人登陸月球計畫，國民的關心程度也漸漸地開始降低。到了1972年，阿波羅計畫正式落幕。國力衰退的蘇聯也無力與美國抗衡，象徵自由主義與共產主義的太空競賽就此畫下了句點。除了預算方面的刪減之外，兩國對於太空開發的方向也被迫大幅轉換。

① 行星調查：以無人型態，前往比月球更遠的地方。

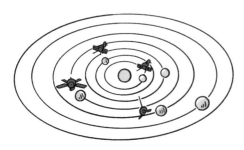

美國基於拓荒者精神，將目標放在更遙遠的行星。經過1960年代的月球開發競賽後，1970年代到達了火星、木星、金星、水星、土星，不過都是無人調查。或許因為這樣，並沒有像阿波羅計畫一樣掀起熱潮。

● 各種無人太空探測器

水手9號：火星
先驅10號：木星
水手10號：金星、水星
航海家1號/2號：木星、土星、天王星、海王星

② 太空站：在載人遠程探測前，先進行「近程開拓」

● 蘇聯的禮炮1號

放棄載人登月調查的蘇聯，轉而尋求太空站的可能性，並於1971年發射了人類史上第一個太空站，而美國也隨後跟上。

太空站是可以讓人類長期停留在太空中進行科學實驗及發射人造衛星的地方。

③ 太空梭：多用途、可再利用，目標是提升成本效益！

● 運送哈伯太空望遠鏡等…

太空梭具有多種用途，並且可以循環利用。其用途包括讓人中期停留在太空中，進行科學實驗、搬運人造衛星，以及修理、建設國際太空站等，可以說是太空中的萬事屋。

● 將人、物運送到國際太空站（ISS）等…

原本是為了降低成本而進行循環利用，不過維護比想像中還辛苦，最後發現成本反而因此增加了。經歷2次悲劇性的事故後，終於在2011年完成最後一次飛行並畫下句點。

雖然人們不再像1960年代那樣，朝向一個遠大的目標前進，但是逐漸擴張的太空產業也沒有因此停滯，而是朝向各個方向發展了。

冷戰後轉為和平用途的國際太空站

70 年代之後，美蘇的「太空站」開發競賽，在蘇聯崩解後轉由世界共同開發。

💡 美蘇的太空開發由對立轉為合作

阿波羅計畫之後，美蘇接著進行太空站的建設，繼續開發太空。不過，國力相當的兩國，由於蘇聯經濟停滯，美國因越戰而疲乏，原本對立的關係逐漸弱化，在太空方面反而轉為合作體制。

太空站的開發史

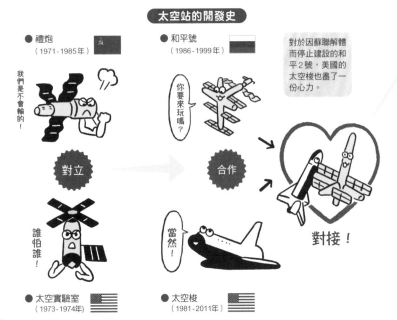

● 禮炮
（1971 - 1985 年）

● 和平號
（1986 - 1999 年）

對於因蘇聯解體而停止建設的和平 2 號，美國的太空梭也盡了一份心力。

我們是不會輸的！

你要來玩嗎？

對立 → 合作

誰怕誰！

當然！

對接！

● 太空實驗室
（1973 - 1974年）

● 太空梭
（1981 - 2011 年）

和平的象徵，國際太空站誕生！

　　1984年，美國的雷根總統發表了「讓人類能夠停留於太空的基地建設計畫」。在那之後，加拿大、歐洲各國、日本表達了參加的意願，蘇聯解體後的俄羅斯也在排除萬難後加入，包括日本在內的15國同心協力，在1998～2011年完成建設。

● 國際太空站：ISS（1998年～現在）

團結

中國
獨自開發！

　　就這樣，繼阿波羅計畫之後的載人太空計畫，轉為開發往來於太空站和地球之間的範圍。開發過程中，又帶來了新的變化。

7

太空競賽重啟!?
～美中對立～

隨著中國勢力抬頭，以美國為中心的自由主義陣營與中國共產黨之間的太空競賽突然展開!? 這也成為太空經濟急速成長的原動力！

💡 因中國勢力抬頭而再次引發霸權之爭？

過去，美俄之間持續了長時間的太空競賽。然而近年來，中國的國力也逐漸成長，透過獨自發展路線而嶄露頭角，成為美國的新對手，再次激化了太空競賽的發展。

① 未來國防及太空開發的核心！

2019 年，美國創立了太空軍。而中國的太空開發原本就是以人民解放軍為中心。

● 美國太空軍

太空軍
2010 年代後半

● 中國太空軍

火箭及彈道飛彈的基本構造是一樣的，測位衛星可以操作無人轟炸機與反彈道飛彈，而觀測衛星可以監控陸地上的動靜。因此，可以說是「控制了太空，就等於控制了戰爭的主導權」。

② 自由主義聯盟 VS 中國共產黨的競爭

目前由美國等國使用的國際太空站，尚未確定 2024 年之後的運用規劃。日後可能作為電影拍攝基地或飯店等，走向民營化。

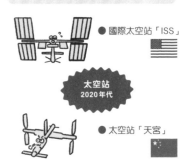

● 國際太空站「ISS」

太空站
2020 年代

● 太空站「天宮」

另一方面，中國的太空站「天宮」於 2022 年完成，預計實踐中國在太空的長期停留計畫。

③ 月球開發競賽重啟，
   這次是基地建設

以美國為中心的各國（包含日本、阿聯）預計在2024年的「阿提米絲計畫」再次載人登陸月球。目標是環月太空站及月面基地的建設。還有，從月球的冰中取得水及氫氣，作為生活及燃料的運用。期望以大幅降低到火星的燃料費。

④ 人類終於到達火星!?
   移居計畫也在進行中

民營公司SpaceX與阿聯政府等，正對太陽系中與地球環境較相似的火星進行都市建設及移居計畫。透過阿提米絲計畫，以月球為燃料補給基地，促進與火星之間有效率地往返。換句話說，就是預計進行「月球與火星的共同開發」。

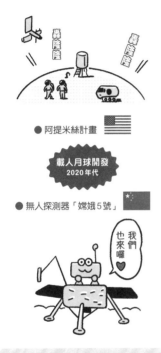

● 阿提米絲計畫 🇺🇸

載人月球開發 2020年代

● 無人探測器「嫦娥5號」 🇨🇳

我們也來囉♥

另一方面，中國的無人探測器也已到達月球，並成功攜回月球的樣本。下次的目標是載人登月，逐步追上美國。

● 火星探測計畫 🇺🇸

載人火星探測 2030年代

● 無人探測器「天問1號」 🇨🇳

（火星探測車「祝融號」）

首先要進行各種調查！

2021年，在美蘇之後，中國也成功將探測器送上火星。未來有極高的可能會往火星發展。

在阿波羅11號載人登月半世紀之後，因為美蘇冷戰結束，人類失去了登月的理由。但是，在美中對立的2020年代～2030年代，或許會再次加速月球及火星的載人開發吧。

教教我！太空的工作

山崎直子　　　　太空人

Yamazaki Naoko 東京大學研究所工學系研究科碩士課程修畢後，曾任職於NASDA（現在的JAXA），並於1999年獲選為搭乘國際太空站的候選者。2010年4月，參與發現號太空梭的ISS組建補給任務。目前任職於日本內閣的宇宙政策委員會，並擔任大學客座教授等。利用自身的太空飛行訓練及運用經驗，帶動並振興太空經濟。

Q 太空人指的是太空梭的駕駛員嗎？

A 太空人一般是指在太空中工作的人。最近的太空梭大多都有自動駕駛功能，通常不需要自行操縱，我們要做的是確認太空梭的狀況，並且具備非常時期的應對能力。太空人其實就是「太空中的萬事屋」。現在太空人的工作有國際太空站的改建及維護、科學實驗、在太空中發射衛星等，十分多樣。更早以前，則有繞行月球及登陸月球、修理哈伯太空望遠鏡、在太空中建造國際太空站等，是非常困難的任務。

Q 工作內容五花八門呢。那大致來說，可以分成哪幾個類型的工作呢？

A 分類真的很多種，沒辦法一概而論。不過，以我搭乘的

太空梭為例，可分為「指揮官」、「任務專家」、「酬載專家」等職位。「指揮官」即為船長，在太空會合、對接及著陸時，負責操作太空梭。「任務專家」除了進行科學實驗外，也要進行國際太空站（ISS）的改建及維護、在太空中發射衛星等工作。為了進行上述作業，還需要操作機械手臂，進行艙外活動等。應該可以說是「太空的建設作業員」。

尤其進行艙外作業時，需要到ISS外面拆裝太陽能板及模組艙體的配管、修復因太空垃圾撞擊造成的孔洞等等，可以想像成「太空中的高空作業員」。

「酬載專家」是利用太空空間特性進行實驗的研究專家，負責研究必須在無重力狀態下才能進行的實驗，例如醫療及製藥相關的實驗，新素材開發的實驗等等。上述各式各樣的任務，就是由太空人各司其職，甚至是身兼多職，共同進行的。

Q 山崎小姐在太空中
是負責什麼樣的工作呢？

A 我擔任的是「任務專家」，負責操作機械手臂，為ISS組裝新的補給模組。模組中裝有各種ISS必須的補充物資，外觀是圓筒狀，體積如同一台大型巴士。

Q 這個工作的有趣之處
在哪呢？

A 進入太空中，反而可以實際發現地球的美麗及美好。在太空中看到的地球，真的非常漂亮，而且很衝擊。那種感覺與透過照片及影片觀看相比，差別非常多。地球漂浮在一片漆黑的黑暗中，看起來就像一個生命體，生意盎然且閃耀著光輝。還有，地球之美與我客觀的視角，都是只能意會不能言傳的。那種感覺就像是有顆石頭落入心底般，非常特別。還有，回到地球時重新感覺到重力、微風、植物的氣味時，會確實地感受到我們平常視為理所當然的地球環境，竟是如此美好又值得珍惜。從國外回到日本時，都會再次發現日本的好。這趟太空之旅也是一樣的，可以重新發現地球的美好之處。

Q 對於這份工作有什麼
未來展望呢？

A 在未來，包括太空旅行者在內的太空人，數量會愈來愈多。不僅民間企業的太空旅客會增加，JAXA今後也預計會定期招募太空人。往後的目的地不僅限於ISS，月球及火星也包含在內。目前為止，太空人才都是以軍人、工程師、科學家等為中心，不過，接下來也會有包括人文社會相關等更多樣化的人才需求。未來，為了在太空空間、月球、火星建造村莊，會需要醫生、工程師、學者、農夫、運輸業者、建築師、教師、保母、廚師、旅宿業者等，各式各樣的專業人士。可能也會有一邊從事醫師、教師本業，一邊以太空人為副業的兼職太空人吧。當人人都能上太空的時代來臨，太空就不是什麼特別的場域了，到時候，可能也沒有「太空人」這樣的職業了吧。

Q 請對讀者們說些話吧！

A 各行各業都能飛向太空的時代已經來臨。因此，各位目前從事的工作及活動專業，想必也能運用在太空中吧。進入太空後，就沒有上、下的概念，沒辦法由上往下看。還有太空中也沒有國境的概念。相信各種行業的專業性可以在太空中得到進化，並將進化的專業帶回地球上，形成良好的循環。為了解決地球上的各種難題，也請各位務必試著發想看看，將太空納入工作範圍內吧。

第 **2** 章

開發太空，
通往新的階段

不論東方、西方，
或是官方、民間

因大國之間的對立而急速發展的太空開發，在冷戰結束之後轉作為和平之用。進入21世紀後，為了解決地球的環境問題及社會議題，人們開創了新的商業模式，未來會向更多的個人或組織敞開門戶，繼續進行太空的發展利用。

8

以NASA為範例!?
迎來太空民營化時代

隨著地球周邊的未知領域明朗化，太空開發轉由民間接手。以美國為中心，太空產業出現了名為「NewSpace」的潮流。

💡 透過民間參與，讓人才、物品、資金流動

過去的太空產業，都是由政府全權負責開發、實驗、正式運作。然而，2010年代之後的美國將地球附近為主的開發重任託付給民間機構。自此之後，太空經濟就走向了民營化。

過去的太空計畫為國家主導

● 政府機關

開發　實驗　正式運作

請幫我製作這個規格！

● 民間企業

收到！

由NASA支付所有費用，同時負責火箭等太空領域的開發、實驗、運作。

2010年以前，阿波羅計畫、行星調查、國際太空站、太空梭等事業也是由政府主導。

💡 順利地由公共事業轉移至商業活動

　　雖然改由民間企業進行太空開發，還是少不了政府的資金及技術。美國在初期的開發階段會確實編列政府預算，協助企業發展。開發完成後，政府便會以客戶的身分「購買服務」。以上為美國將太空產業轉為民營的運作模式。

近年來以培養民間主導的太空經濟為主

● 政府機關　　　　　● 民間企業　　　　　舉例來說…

開發

麻煩您了。

由 DARPA（國防高等研究計畫署）支付費用，讓民間嘗試開發新技術。

實驗

哎呀！

NASA 支付近半費用（補助金），由民間企業參與投資，進行火箭的開發和實驗。

正式運作

交給我吧！　你可以嗎？

NASA 成為客戶，支付民間企業使用費，購買正式的火箭運輸服務。

謝謝你們的照顧～

擁有新客戶，不只有政府機關了！

　　「網際網路」最初就是美國政府以軍事為目的促成的計畫，後續開放給民間之後，成為了現今美國的核心產業。「太空產業」依循著相同的途徑，逐步邁入以民間主導的發展階段。

9

由軍方轉向民間的
太空經濟基石「人造衛星」

由史普尼克1號開啟的衛星事業。除了軍事，還有通信及傳播、氣象預報、觀測、定位等各式各樣的用途。

💡 眾多企業參與的太空產業主力項目

說到太空產業，大多會聯想到火箭華麗升空的畫面。但是，更重要的其實是透過火箭送往太空的「人造衛星」！人造衛星作為我們生活中不可或缺的實用工具，有眾多企業參與其中。

模仿月球製成的人造衛星

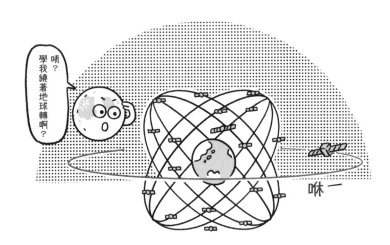

咻一

用途多樣，可大致分為三類！

人造衛星作為地球周邊事業，已經陸續向民間開放。活用範圍廣泛，包括軍事、公共、民間，根據用途可大致分為以下三類。

通信・傳播衛星

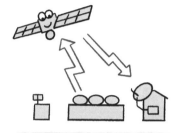

進行通信及傳播的衛星。電波在太空中往來，和陸地上的通信、傳播方式相比，涵蓋範圍廣泛許多。順帶一提，日本首次的衛星轉播非常偶然的就是甘迺迪暗殺事件。

地球觀測衛星（遙測衛星）

利用光及電波進行地球觀測的衛星。原本作為軍事設施的監視、攻擊等「軍事用途」，後續轉為天氣預報、製作地圖、監測大氣及海洋狀態、探查能源等「和平用途」。

測位衛星

以 GPS 聞名的測位衛星。原先是為了飛彈導引等軍事目的而開發的技術。目前被運用在 Google 地圖、汽車導航、提供飛機及船舶等位置資訊上。

額外 行星探測器

目前以各國政府發射的衛星為主，在目標天體的軌道上進行無人探測。近年來，也有像「隼鳥號」這樣，在天體著陸並帶回樣本的類型。

近年來，各種產業陸續加入製造及發射衛星的事業，相信未來會有更多規模的民間商業活動產生。當然，若是以運用衛星數據的角度來看，幾乎所有產業都有機會涉入這門領域。

10

娛樂產業未來將
進駐國際太空站？

現在正在進行各種科學實驗的國際太空站，未來可能被運用在
電影拍攝、太空飯店等商業方面的用途。

💡 原本是為了進行實驗及開發

「太空站」是為了讓人類能在太空中長期停留的設
施。現在正在運轉的國際太空站繞著地球運行，裡面
的人會進行各種科學實驗，並將人造衛星送入軌道。
在國際太空站，可以利用無重力的特性開發新藥及半
導體等新素材，為最先進的研究帶來貢獻。

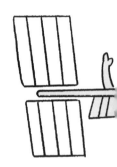

太空站內的主要任務

● 科學實驗

● 將人造衛星送入軌道

● 太空站的組裝、搬運、
　修補、改建

受過特別訓練的太空人，可以在太空站內停留，
並完成任務。

國際太空站未來將轉作民間商業用途

　　國際太空站使用的預算來自參與計畫的各國，不過2024年之後的預算及用途尚未決定。未來預計轉為民間的商業使用，以此方向進行運用及維護。其中最引人矚目的商業用途提案，是讓民間人士也能停留在國際太空站內，進行電影拍攝或是太空飯店住宿。

作為電影攝影棚使用

● 尤莉雅・佩雷西德（俄）　● 湯姆・克魯斯（美）

轉型為太空飯店

● 國際太空站（ISS）

● 民間的太空旅行者也能停留

ZOZOTOWN創立者，前澤先生預計在2021年12月出發。

　　和先前提到的人造衛星一樣，同樣是地球周邊產業的太空站，也已向民間敞開門戶。未來除了國際太空站之外，還有許多國家及民間的太空站建設正在計畫中，商機將從實驗、開發擴展到娛樂等產業。

11

月球開發計畫

「阿波羅計畫」結束後約50年，以美國NASA為中心的「阿提米絲計畫」將在2024年再度帶人類前往月球。

💡 2020年代，載人登月的嶄新歷史即將誕生

美國NASA預計在2024年以前載人登月，並計畫在2028年以前開始月面基地的建設。這項「阿提米絲計畫」是和世界各國的夥伴們共同實施，建立繞行月球的太空站，再由太空站降落月球，建設月面基地，達到長期停留月球的目標。

什麼是「阿提米絲計畫」？

●「獵戶座」太空船

獵戶座太空船會先與繞行月球的太空站「門戶」對接，再轉乘登月船，登陸月球表面。

● 實施阿提米絲計畫的夥伴

NASA及與NASA
締約的美國民營
太空企業

ESA

JAXA

CSA

ASA

組員有一半是女性！月球表面也迎來性別多元化的時代。

💡 月球會成為太空的燃料補給基地!?

　　未來可以從月球的冰中提取氫氣及氧氣,作為火箭的燃料,便有可能前往火星了。這麼一來,將不再是「地產地銷」,而是邁向「太空產,太空銷」。

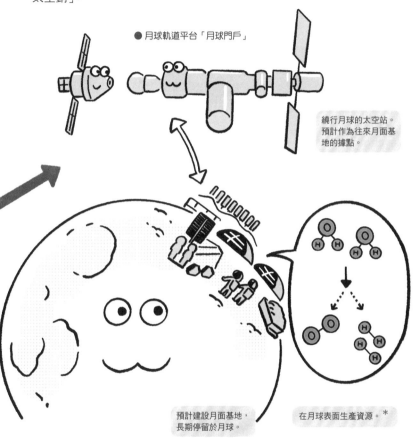

● 月球軌道平台「月球門戶」

繞行月球的太空站。預計作為往來月面基地的據點。

預計建設月面基地,長期停留於月球。

在月球表面生產資源。＊

　　1960 年代的「阿波羅計畫」中,美國傾盡國家威信,並投入龐大的資金,最終完成了登陸月球的計畫。2020 年代的「阿提米絲計畫」則是以美國為中心,加上各國的協助、官民聯手、跨越性別及種族之壁,致力將月球開發為永久太空中繼站的計畫。

＊以安全、和平為原則進行月球資源開採的「阿提米絲協議」,有美、英、加、澳、日、義、盧森堡及阿聯等國簽署。
（簽署時間點為 2020 年 10 月）。

12

火星開發計畫

火星和太陽系的其他行星相比，較接近地球環境。目前正在探索2030年代以後，人類長期停留火星的可能性。

💡 SpaceX的火星移民計畫

SpaceX的伊隆‧馬斯克主張「在火星打造出可居住的環境，就能在地球因為氣候變遷等原因而滅亡時作為備案」。為此，SpaceX以2026年前首次載人登陸火星為目標，希望未來能將火星「地球化」。

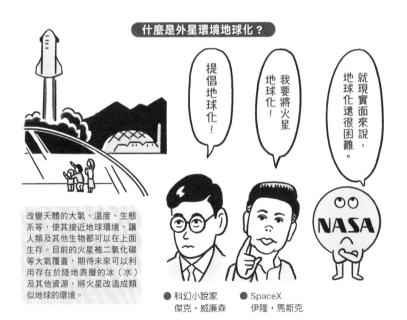

什麼是外星環境地球化？

提倡地球化！

我要將火星地球化！

就現實面來說，地球化還很困難。

改變天體的大氣、溫度、生態系等，使其接近地球環境，讓人類及其他生物都可以在上面生存。目前的火星被二氧化碳等大氣覆蓋，期待未來可以利用存在於陸地表層的冰（水）及其他資源，將火星改造成類似地球的環境。

● 科幻小說家
傑克‧威廉森

● SpaceX
伊隆‧馬斯克

阿拉伯聯合大公國的火星移民計畫

資源大國阿聯也自告奮勇提出火星移民計畫，期待在2117年前透過各國的協助，在火星建造迷你城市及社群。計畫構想是先發射火箭，進行都市建設，接著開始讓人類移民火星。

世界頂尖的資源大國也投入移民計畫

利用基因體技術，或許就能將火星地球化。

我們將和各國合作，在火星打造出50萬人口的都市。

對地球的環境問題也有效果!?

利用合成生物學、基因體技術推動火星地球化的同時，或許能將這些經驗及知識轉移，解決地球上的各種環境問題。若能在惡劣的環境下培育作物、改變環境，對於地球也有幫助。

儒勒·凡爾納出版《從地球到月球》約100年後，人類就實際到達了月球。既然如此，距離傑克·威廉森在1942年的科幻小說中提倡的地球化實現的日子，是不是也指日可待了呢？

在未來，
太空是大家共有的！

太空的永續發展目標（SDGs）是很重要的商業活動，目前日本民間企業在這方面領先全世界。

💡 清除與日俱增的太空垃圾

現在，太空中有火箭殘骸、停止運轉的人造衛星、被反衛星武器（ASAT）破壞的衛星殘骸等各種太空垃圾，其中有 2 萬個以上正繞行在地球周邊軌道上。這些垃圾長期以比子彈還快的速度繞行地球，可能衝撞使用中的人造衛星及國際太空站，造成危險。

放著不管將釀成重大事故！

由日本企業領頭，清除太空垃圾

為了解決這類太空環境問題，各國及各家企業都開始採取行動，其中最具代表性的是日本企業。這可說是以寰宇視角瞄準宇宙市場而誕生的新事業。

Astroscale 清除太空垃圾的方式

抓到啦 ♥

哇～

Astroscale 是清除太空垃圾的代表性企業。利用掃除衛星，接近並捕捉故障的人造衛星及超過使用年限的衛星等。接著，讓掃除衛星直接進入大氣層，使垃圾燃燒殆盡。

Sky Perfect JSAT 以雷射清除太空垃圾

發射！

呀—

經營衛星傳播事業的 Sky Perfect JSAT 也加入了清除太空垃圾的行列。由掃除衛星對太空垃圾發射雷射，使垃圾改變軌道。接著，進入大氣層燃燒殆盡。

Astroscale 創立太空垃圾清除事業之初，還沒有清除太空垃圾的市場。如今，隨著太空垃圾的問題受到世界各國的重視，清除事業也逐漸發展茁壯。

獎金競賽「XPRIZE」

XPRIZE 為促進太空經濟的一大活動，由民間企業參與並推動次軌道太空飛行及月球調查。

💡 催生產業幼苗的創新競賽

僅憑民間之力從零開始籌備太空旅遊事業及月面開發事業等，門檻是非常高的。因此，透過創新競賽帶來突破性的發展，也是一種創造新產業的方法。這種手法，其實是從 100 年前開始就經常被使用的作法。

① 催生航空產業的「歐泰格獎」（1919～1927 年）

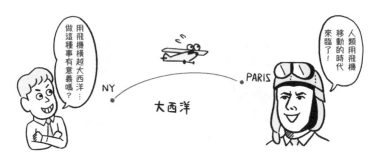

● 林白挑戰成功！

成功以飛機不間斷地由紐約飛往巴黎，就能獲得獎金。這場歷經數年，籌措資金來開發飛機，並且要求飛行員操縱飛機橫越大西洋的創新競賽，最終由美國的查爾斯・林白成功飛越大西洋，獲得了獎金。這項歐泰格獎就是飛機發展成為產業的契機。

② 催生次軌道太空飛行的「安薩里X大獎」（1996～2004年）

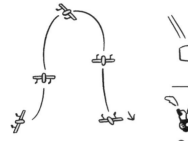

● 太空船1號挑戰成功！

2週內載著3名組員飛上太空（高度100km以上）2次的隊伍，可以獲得1000萬美金。這項競賽最終由美國縮尺複合體公司的太空船1號完成任務，並獲得獎金。在這之後，維珍銀河公司便將載人次軌道太空飛行（彈道太空飛行）的技術商業化。

③ 催生月球開發事業的「Google月球X大獎」（2007～2018年）

現在仍有活躍表現的
GLXP畢業生
• Astrobotic
• Moon Express
• ispace（HAKUTO團隊）
• PTScientists

● 競賽之後，日本的HAKUTO仍在進行計畫中！

讓無人探測器在月球表面登陸，行走500m以上，並將高解析度的照片、影像及數據傳回地球，達成任務的隊伍可獲得2000萬美金。雖然各個團隊持續努力鑽研，但最終沒有人能在期限內完成任務。不過，透過這次機會，部分團隊完成了資金調度、技術開發，甚至到了商業模式的開發階段，進而實際發展成事業。在競賽留到最後階段的日本隊伍HAKUTO，就是其中之一。

其實，商業領域中的全新產業，並不一定是基於消費者的需求而產生的。反而是從遠大的願景中萌生出技術及產業的新芽，接著才產生出消費者需求。而促成這種發展機制的，就是創新競賽。

教教我！太空的工作 ②

青木英剛　　　太空投資家

Aoki Hidetaka　精通太空經濟及太空技術領域，以「太空傳道者」的身分組織並創造太空產業。在美國取得工學碩士頭銜及飛行員駕照後，進入三菱電機進行日本第一艘太空船「白鶴」的開發，並且獲得許多獎項。從事太空商業顧問等工作後，目前是以新創事業投資家的身分支援世界各地的太空新創企業。曾多次擔任日本內閣府及JAXA政府委員會的委員。同時也是一般社團法人SPACETIDE的共同創立者。

Q 太空投資家是什麼樣的工作呢？

A 說到投資家，給人的印象經常是買賣上市公司股票者。但是，我其實是投資未上市的新創企業，並在企業成長過程中給予協助。換句話說，太空投資家指的是在太空領域中投資給未上市新創公司的人。

Q 原來如此。具體上會給予新創公司什麼樣的協助呢？

A 首先是和考慮創立太空相關事業的人進行討論，在成立公司的前期階段一起思考策略。舉例來說，商業經驗較少的技術者，以及想要成立太空新創公司卻不太瞭解技術的商業人士，都是我的服務對象。服務內容包括討論公司策略，或是針對設立方法給予建議。實際成立公司後，下個階段就是「投資」。像銀行那樣借錢並收取利息的方式稱為融資，而給予沒有返還義務的資金、以持股作為報酬的方式就稱為投資。獲得投資家的資金後，公司就能著手開發商品及服務了。公司開始運轉後，我會陪著企業針對各方面給予建議及協助。從商業模式、會計及財務、技術、行銷、人才錄用、上市準備、企業合作、法務、政府外包等，涵蓋了從公司成立到上市的所有要件。因此，除了要熟悉太空相關技術外，也需要精通公司發展相關事務。經歷這樣的過程，讓公司成長到上市，投資的股價上升，就能產生獲利了。

Q 沒想到投資家的工作內容這麼廣泛呢！

A 其實一般投資家不會做得這麼全面。可能正因如此，我在這業界才會像是汪洋中的浮木，每天都有許多來自世界各地尚未成形的

太空創業家來找我洽談。待數年後事業具體成立，他們會再回來，我就會在此時投資。經常有類似這樣的事。

Q 您投資的都是太空相關企業，對吧？舉例來說有哪些呢？

A 是的。例如：人造衛星、引擎、機器人、數據分析等太空相關的各種新創企業，都是我的投資標的。主要的投資地當然有日本，其餘像是北美、歐洲、亞洲等各國的創業家，每天也都會和我進行洽談。

Q 簡直就像超人一樣！為什麼可以做到這麼多事情呢？

A 我在美國大學學會了太空相關技術後，以技術人員的身分進行太空船開發。但是我發現，即使擁有頂尖技術，若是不懂得商業活動，想為太空產業帶來貢獻還是有難度。因此我唸了商業學校，經歷顧問的工作後，才轉而成為投資家。有了技術及商業這兩個領域的專業背景，我才得以加入政府委員會，進行政策提倡的工作。透過上述的職涯發展，我累積了各種支援太空創業家的必要技能，結合太空技術、商業知識、政策，並且獲得作為專家的工作經驗。

Q 在這份工作中有遇到什麼樣的困難和有趣之處呢？

A 與其說遇到什麼樣的困難，不如說處處都是困難（笑）。

商業是以人才、物資、資金等要素構成的，而新創企業就是沒人才、沒物資、沒資金，什麼都沒有。要從無到有，並以上市為目標，當然是困難重重。而且，太空經濟是難度相當高的領域，和這樣的創業家接觸時，一天之中就會遇到各種經營課題及難題。每天的工作就是快速地解決各種問題。在這樣混亂的狀態中看著這些企業逐步成長，當實際和創業家們共享成功的瞬間時，就會覺得這一切都非常值得。對我來說，培養創業家就像是育兒工作。看著他們從走路都還搖搖晃晃的嬰兒時期，到最後公司上市、成為成功的社會人士，真的就像在照顧小孩一樣。過程中，當然會不斷地遇到困難，但也因為如此，才能感受到其龐大的價值。

Q 請和讀者們說說關於工作的未來展望吧！

A 太空產業是個成長中的巨大產業。實際上，太空創業家也在快速增加中。因此，未來像我這樣的角色需求也會逐漸增加，希望能有更多人能加入我的行列。期待日本也能出現像伊隆·馬斯克那樣具有野心的人，帶動太空產業蓬勃發展。在此鼓勵各位，不要讓自己埋沒在大企業中，務必帶著自己的想法創業。創造工作機會，才能對產業帶來貢獻。

第 **3** 章

太空經濟可以
實現什麼?

眾人的生活
將產生巨大的改變

將來的商業活動範圍,將由陸地上漸漸擴大到太
空中。

除了通信、運輸、科技、大數據、製藥、能源資
源等業界之外,乍看與太空無關的服務業、娛
樂、時尚等各式各樣的產業也會轉移成為利用太
空的商業模式。

15

藉由官民分工，讓太空經濟更繁榮

近程的太空為「民間的工作」，遠程的太空為「政府的工作」。
未來世界各國將以美國為範本，逐漸順應這個趨勢。

累積實績後就能逐漸商業化

近年來，在太空開發領域累積穩定技術及經驗的單位，有逐漸轉往民間的趨勢。發展過程中已不單純追求性能及成本，而是往新的商業模式發展，期待能透過民間產生創新的領域。

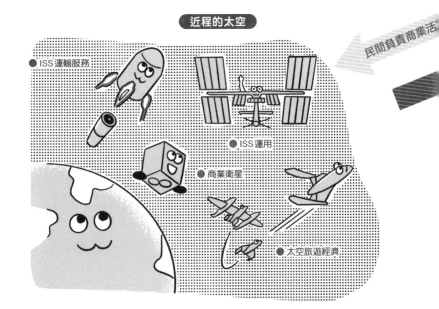

近程的太空

●ISS運輸服務

●ISS運用

●商業衛星

●太空旅遊經濟

民間負責商業活動

💡 由國家大力支持深空、軍事、公共事業

另一方面，太空事業還有許多需要進行科學探索的領域、人類面臨的龐大課題、軍事及公共相關事務等，未來都會是政府的工作。期待將來能由國家開疆闢土，帶領整體太空產業發展。

遠程的太空

● 軍事利用 ● 公共利用　　　● 遠程太空

政府負責計畫

● 火星探測

● 月面開發

話雖如此，最近也有民間企業自告奮勇挑戰深空發展，例如：SpaceX 發表的火星移民計畫。由民間培育、成長的產業，勢必將成為國家整體的助力。

16

太空網路

只要有衛星網路,就可以不用在陸上或海底鋪設電纜,實現跨越國界的寬頻網路。

💡 利用衛星,就能隨時隨地使用網路

藉由數量龐大的通訊衛星在地球上環繞,使地球被太空中的寬頻網路覆蓋,就形成「衛星網路」(太空網路)。這樣一來,在偏遠地區及發展中國家等基礎建設較不完善的地方,也能自由地使用寬頻網路服務了。

目前不能連網的地點意外地多

● 海底、陸上電纜

纜線網路無法到達的地區意外地多。目前全世界有40％以上的人口──意即30億人,無法自由地連上網路。

● 通訊衛星

利用配置在太空中的衛星,就可以隨時隨地連上網路了。

不需要在地面上施工，非常時期也能當作備案

一般的通訊網路及網際網路需要在陸地上四處搭建電波塔，陸地上及海底也必須鋪設電纜。透過衛星的話，不僅能讓沒有電波塔和電纜的地區連網，對於能使用網路的地區來說，也能作為緊急備案。

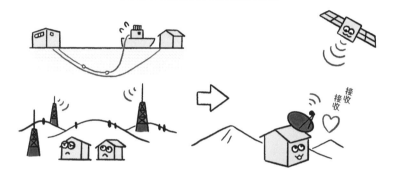

沒有陸地上的基礎建設也 OK

接收
接收

對於個人及企業都將更便利！

在叢林深處也能
買賣比特幣！

喜馬拉雅山上
使用 Google 地圖
確認下山路徑！

漂流海上時
使用網路
搜尋求生術！

在未來，所有人都能使用通訊快速的網路的話，不僅可以提升生活品質，還能創造出商業服務更加全面的環境。

太空大數據

透過監測平常的地球，將數據運用在農業、漁業、行銷、金融、不動產等各種用途。

💡 地球的狀況將被「看光光」！

近年來，由於技術的進步，人們可以對地球進行常態性監測，例如：頻繁地從上空拍攝照片；烏雲密布或黑夜中，都可以透過雷達偵測等等。結合這些數據及陸地上的數據，由AI進行分析，就能看見許多平常沒有發現的地方。

對龐大的資訊進行掃描分析

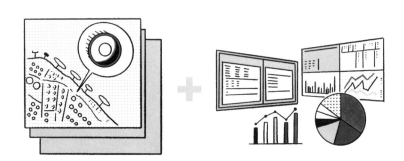

順利獲得前所未有的
新型態商業關鍵、
指標及資訊。

活用數據，讓這些事情具現化

透過取得各式各樣過去在陸地上無法掌握的數據，分析的速度及精準度都會獲得飛躍性成長，並產生從未有過的新型商業模式，發展出無限的可能性。

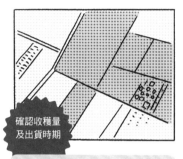

確認收穫量及出貨時期

透過宏觀的角度檢測農作物的發育狀況，並將數據活用於期貨交易等金融交易、廣告編寫等。

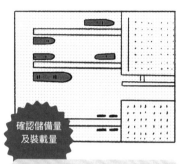

確認儲備量及裝載量

透過監測石油儲放槽及運輸槽，推估世界的石油供需平衡。

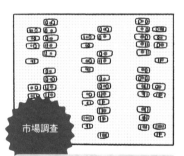

市場調查

透過監測交通運輸量、停車場等，進行區域及時間帶的需求預測，並且有效運用在不動產開發。

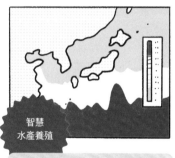

智慧水產養殖

從太空中對海洋浮游生物分布等進行海洋的環境分析，就能將水產養殖的給餌及管理流程最佳化。

現在已經是人們會運用所有大數據的時代了。若再加上「太空大數據」，例如：在目前收集到的大數據加上位置資訊，就能讓資訊出現在地圖上。到時候究竟會看到些什麼呢？可以知道的是，獲得的見聞一定會比過去還多。

18

太空工廠

利用太空的無重力環境，打造出開發新藥、製作特殊合金及半導體晶片、生物3D列印等各種產業最先進的工廠。

💡 未來不只國際太空站進行開發

目前，所有無重力環境中的實驗及開發，都是在國際太空站進行的。這也是為什麼太空人大多具有醫學及科學知識背景。不過，國際太空站未來的使用方針還未定案，所以自行發射人造衛星，並在其中進行無人實驗及開發的服務陸續產生。

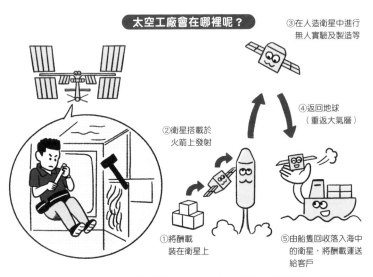

太空工廠會在哪裡呢？

③在人造衛星中進行無人實驗及製造等

②衛星搭載於火箭上發射

④返回地球（重返大氣層）

①將酬載裝在衛星上

⑤由船隻回收落入海中的衛星，將酬載運送給客戶

● 太空人在國際太空站中進行實驗及開發　　● 在人造衛星中進行無人實驗及開發

在無重力環境中開發新藥

開發新藥需要製作各式各樣與疾病對應的蛋白質結晶再進行實驗。在地球上,由於重力的干擾,難以製造出品質優良的蛋白質結晶,而在無重力環境中是可以做到的。因此,人們對太空中的新藥實驗寄予厚望。

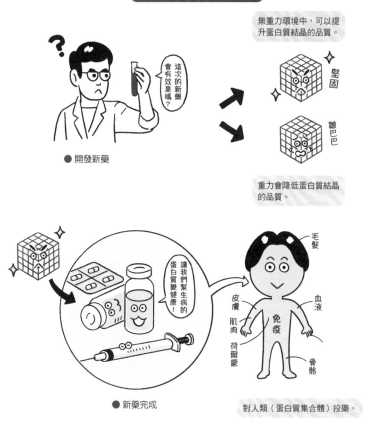

製造新藥需要什麼呢?

無重力環境中,可以提升蛋白質結晶的品質。

堅固

皺巴巴

重力會降低蛋白質結晶的品質。

● 開發新藥

這次的新藥會有效果嗎?

讓我們幫生病的蛋白質變健康!

● 新藥完成

毛髮

血液

皮膚
肌肉
荷爾蒙

免疫

骨骼

對人類(蛋白質集合體)投藥。

利用太空的無重力環境,讓原本不可能實現的實驗及開發、製造過程都化為可能。正因為處於先進領域,才有機會獲得新知、開創商機。

19

太空資源

人類經濟活動的根源就是資源。各國之間的產業拉鋸，將從地球層級上升到太空層級。

💡 地球資源已供給不足!?

不論在哪個時代，獲取資源都是人類最重要的課題之一。未來必須制定太空層級的資源策略，大致上可分為三個方向。

① 在太空取得地球上的稀有資源

從其他小行星上開採地球上不易取得的金屬、礦物資源，再將其帶回地球。稀土金屬如同字面上的意思，就是稀有的金屬。若能在地球之外大量取得，就能產生巨大的利益。以目前來說，技術難度相當高，成本效益也比較低。不過，未來有可能成為一項選擇。

● 太空太陽能發電

利用太空中不間斷灑落的太陽光發電，並將電力直接送往地球，就可以實現終極的無限能源。

● 在太空開採、挖掘

和過去為了取得辛香料而開啟的大航海時代一樣，為了獲取太空資源的太空大航海時代即將開始!?

② 在當地調撥太空開發的必要資源

從地球運送開發月球及火星的必要物資及資源，效率不高。未來的目標是直接使用在太空中取得的資源來進行開發。以月球開發為例，

像是以月球的砂石製作水泥；在生活中使用月球的水源；將水分解為氫氣及氧氣，作為火箭的燃料使用等等。

資源的
太空產、太空銷

H_2O
分解成
H_2+O_2

有個疑問…

太空中
有領土
主權嗎？

國際法《外太空條約》不承認太空領土主權。因此，美國、盧森堡、阿聯、日本以國內法制定太空資源規範，藉此促進產業發展。

③ 從太空監測地球，有效率地獲取資源

使用衛星監測陸地及海上的狀況，在調查水資源、礦物資源、海底油田時會更容易。為了讓

地球資源的開發能進化到更高層級，這項技術是不可或缺的。

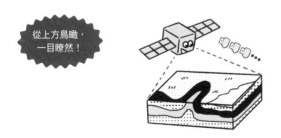

從上方鳥瞰，
一目瞭然！

　　人類的歷史上，充斥著爭奪糧食、煤炭、石油、礦物、水源、土地等資源的事件。戰爭的原因大多與搶奪資源有關，經濟活動的根源也是以資源作為支撐。未來太空中的資源產業將如何發展，勢必是一場對人類智慧的考驗。

20

太空旅遊經濟

2021年開始，理查・布蘭森、傑夫・貝佐斯，還有日本的前澤友作等民間人士都陸續前往太空！

💡 目前可報名的旅遊方案大致分為四種

太空旅遊依據搭乘工具及目的地，方案和價格不盡相同。接下來，將簡略介紹幾種民間人士可購買的方案。

① 次軌道太空飛行（彈道飛行）

飛行至被定義為太空的100km高空中，體驗數分鐘的無重力狀態，再回到地球。比起旅遊，更像玩「終極遊樂設施」的感覺。

經營公司：維珍銀河、藍色起源、
　　　　　PD Aerospace

② 環球一周旅行

在90分鐘就可以繞行地球一圈的軌道上，進行耗時數日的飛行。可以從透明穹頂觀賞太空及地球的全景。

經營公司：SpaceX

平價
（數千萬日圓）
且方便
（數十分鐘）

花費數十億日圓，
慢慢地繞行
地球一周

③ 國際太空站宿旅（太空飯店）

在預計民營化的國際太空站，進行住宿旅遊，可以和太空人一起體驗無重力生活。將來可以在民間企業於國際太空站中設立的飯店中，享受悠閒的時光。

經營公司：Space Adventures、
　　　　　Axiom Space

④ 環月一周旅行

離開地球軌道，進入36萬km外的月球軌道繞行一周，歷時一週後再回到地球，是最遙遠的太空旅遊。特色是可以近距離觀看月球表面，並且從遠處眺望地球。

經營公司：SpaceX

從數千萬日圓就能輕鬆體驗的次軌道太空飛行，到數百億日圓的環月旅行大冒險，各家推出不同的方案，建構出太空旅遊的商業型態。各位喜歡哪種類型的旅遊呢？

21

太空運輸經濟

電視上大肆報導的火箭升空場景，大多是為了向國際太空站輸送人力及物資，或是向太空發送人造衛星。

💡 利用火箭飛向太空，GO！

說到太空運輸經濟，就會想到擔任主角的火箭。未來，伴隨著太空旅遊的普及和太空經濟的多樣化，人及物的運送需求會逐漸增加。從機體的製作到使用，會有各式各樣的商品及服務出現。

讓太空船及人造衛星飛向太空

● 運送人及物品

將人及物資放入前端的太空船內，發射升空。太空船可以和國際太空站對接，並在太空中航行，於天體著陸。

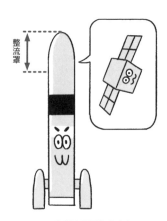

● 將衛星送往太空中

在前端的整流罩中放入衛星後發射。到達太空之後，打開整流罩，投放衛星。

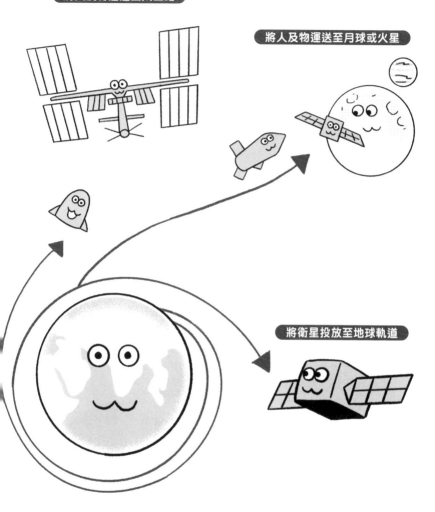

將人及物運送至太空站

將人及物運送至月球或火星

將衛星投放至地球軌道

　　人造衛星、太空旅遊等太空產業的需求正急速擴大，但是作為運輸手段的火箭，目前是供給跟不上需求的狀態。火箭的供給，將成為未來太空產業發展的關鍵。

22

太空貨幣

創業和金融機構投資、社會保險的太空損害保險、衛星金融等
鉅額款項出動！

💡 利用鉅額資金，創造龐大商機

　　在高風險、高報酬的太空業界，必須有高額資金。和資金相關業界、
投資及保險等金融產業加速進入市場，將成長為龐大商機。

① 太空事業投資

天使投資家、
創業投資、
證券公司、銀行等

荷蘭及英國的
東印度公司

在17世紀的大航海時代，帶回東方取得的辛
香料就能獲得巨大的利益。但是，需要付出的
成本也非常高，而且能夠成功回來的機率也不
高。因此，便促成了由眾人集資創立股份公司
的機制。接著，到了21世紀的太空經濟時代。
太空開發也像大航海時代一樣，是一項高風
險、高報酬的產業，需要各式各樣的人及機構
參與投資。

② 太空損害保險

類似汽車保險
及火災保險

舉例來說，利用火箭讓衛星發射升空，並且投放在軌道上，可能會遭遇各種風險。發射失敗、衛星在太空中故障、與其他衛星發生碰撞等等，都需要損害賠償保險。除了火箭及衛星本身的損害保險之外，也有發射失敗對第三人造成損害時的保險。

③ 金融業界的衛星利用方式

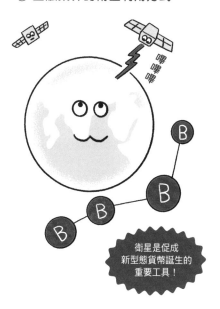

衛星是促成
新型態貨幣誕生的
重要工具！

● 監測災害狀態

發生水災等大規模災害時，可以透過衛星監測受災狀況。這樣一來，就能大幅縮短保險金給付的等待期。

● 利用衛星大數據收集情報

運用太空大數據，加入金融業界需要的GDP及僱用統計、POS數據、網路社群及評價等各種資訊，就能將數據分析結果利用在投資策略上。

● 衛星區塊鏈

利用人造衛星作為交易手段。和各國政府的法定貨幣不同，超越國界的概念讓真正的分散型金融交易，在地球各處都有可能實現！

太空經濟產業在2040年代的市場規模預計會超過100兆日圓，目前日本的太空經濟投資額還遠低於美國等國。要如何帶動資金投入市場，可說是未來的課題。

23

百花齊放！
各式各樣的太空經濟

不是科學及科技產業也OK！今後的食衣住行，各種產業都有加入的機會。

💡 眾人的宇宙可以做到好多事情！

當衛星及火箭等作為太空開發根基的設備愈來愈完善，太空產業就跟我們過去的想像截然不同了。近年來，與太空無緣的產業也開始漸漸轉變，出現了以前在太空產業中無法實現，或是從來沒想過的商業活動。

太空食品計畫

「SPACE FOODSPHERE」

未來預計會有許多人類在月球、火星等星球上長期停留，當地的糧食自給將成為很重要的課題。為了解決這個問題，便成立了這項計畫，由日本國內各式各樣的企業及團體加入，探討未來如何在月球建立足以負擔1000人左右的飲食生活系統。

太空流行服飾

「Virgin Galactic×
UNDER ARMOUR」

隨著到太空旅遊的一般人增加，太空服的需求也逐漸擴大。例如：具備調節體溫及出汗狀況的功能、在無重力狀態下也能輕鬆活動的材質、可以存放照片的透明內袋、旅行者的名字及國旗徽章等。讓人們可以透過具有流行性及趣味性的太空服，盡全力來展現人生中最棒的回憶。

占星社群軟體 「Co-Star」

歷經2500年彙集而成的人類智慧——占星術，與NASA的數據資料結合，利用大數據及AI科技，打造出這個具備即時性及個人化功能的究極占星軟體。透過軟體可以運算出自己與「真命天子（女）」相遇的確切日期及地點，還有其他可自選的加值服務。目前只有英文版本。

人造流星 「Sky Canvas」

「Sky Canvas」是由日本ALE公司創立的服務，以人工方式重現如真實流星般的天文現象。從人造衛星中釋放流星源，使其進入大氣層，就能重現像流星那樣發光的模樣。在活動、節慶時及遊樂園內，都可以在指定的地點及時間體驗到流星。

　　過去的網路產業是由部分的科技從業人員所打造，後續才有各式各樣的產業及業種的人們加入，並衍生出多樣化的服務及商業模式。相信太空產業也會循著網路產業的模式發展。

教教我！太空的工作

新古美保子　　太空律師

Shintani Mihoko 慶應義塾大學法學部法律系畢業後，於2006年登錄成為律師（任職於TMI綜合法律事務所）。專業領域為智慧財產權、IT及通訊、新公司設立、風險管理、太空法及航空法。2013年，從美國哥倫比亞大學法律系畢業後，負責服務許多航太產業的客戶，具有許多民間企業之間的大型糾紛、太空新創投資、太空商務相關交易的實務處理經驗。

Q　首先想請問您，太空律師到底是什麼樣的工作呢？

A　主要工作有太空商務相關的企業利害關係調整、草擬合約、調解紛爭等。我服務的對象包括火箭、人造衛星、物流、保險等多種產業，客戶都是和太空商務相關的公司及個人。

Q　舉例來說，客戶會有什麼樣的需求呢？

A　以人造衛星發射至太空中的案例來解釋好了。製作完成的人造衛星要從工廠搬運到發射地點，再由火箭運送到太空中，最後才能在太空中運作。不過，過程中有可能會不幸遇到各種事故，如：衛星故障、火箭發射失敗、發射至軌道後無法順利運作等等。若在陸地上故障的話，只要直接退還給工廠就可以了，

但是在太空中損壞的話，也沒辦法進行維修。這就是太空商務與一般陸地上的商業活動之所以不同的關鍵。因此，必須在事前想像各種可能發生的狀況，並請衛星製造商、物流公司、火箭公司等每個參與過程的企業相互簽立合約。還有，各家公司應該都會有作業失敗相關的保險，不過根據契約範圍，各自的保險內容及費用也會有所不同。

Q　草擬合約時，是以太空的法律為基準嗎？

A　當然要適用太空相關的條約及法規，不過太空商務是個大部分的國際規範及法律領域都尚未建立起來的產業。在規範及法律都很完善的產業中，即使遇到沒有記載在合約內的事情，也能依照法律解決。但是，太空經濟的領域中充滿了尚未定案的事情，沒有事先擬定好合約的

話，糾紛和事故會很難解決。因此，需要預想各種可能發生的狀況，再來制定合約。

Q 要如何事先設想到「可能發生的狀況」呢？

A 首先必須以理解各國法律、國際法、條約為前提，掌握現今歐美進行的交易內容及實務重點。因為目前正在世界各地進行的太空商業「實務」，就等於是太空商務的國際標準。我也是從實務中學習到所有相關知識的。此外，針對個別案件的特殊問題，我也會每次都在腦中先想過。若案件在思慮不周的情況下就成立契約，企業在日後可能會蒙受巨大的損害，這點非常重要。

Q 在這份工作中有遇到什麼樣的困難和有趣之處呢？

A 太空產業尚未具備完善規範這點，對我來說相當辛苦，但同時也是感到有趣的地方。在既有的成熟產業中，有許多必須遵守的規範，而太空產業在遵守大框架的條件下，民間企業之間要如何交涉都可以。也就是說，太空產業目前還是非常自由的。在合約書中是否要加入某項要件的自由度很高，還可以發揮想像力，將有趣的點子都寫進合約裡。換句話說，太空商務的合約是需要創造力及想像力的。為此，在實務上我也需要和企業客戶一起商討各種策略，並且與海外企業做進一步的交涉。這種和企業客戶一起作為日本代表，在世界的舞台上為太空經濟奮鬥的真實感受，讓我充分體會到這份工作的價值。

Q 簡直就是明治維新的翻版呢！

A 在過去，澀澤榮一從法國留學歸國後，為了日本的國家利益，藉由日本人之手創立了股份公司及銀行，我對這樣的作為深有同感。我在美國留學時也意識到，日本還沒有任何一位太空律師存在，對於國家利益來說是一大損失。因此，回國後，我在現在任職的事務所支持之下，下定決心要成為日本第一位太空律師，並且一路慢慢摸索，才有今天的成果。

Q 請和讀者們說說關於工作的未來展望吧！

A 我們出於偶然地碰上了人類將活動領域從地球擴張至太空的時代。在這歷史性的一刻，期許大家在從事商業活動時也可以抱著開放的心，共同開拓未來。

第 4 章

太空商業界
有哪些
參與者？

大企業到新創公司
都陸續加入

近年來，製造、發射火箭等需要高度技術能力的
領域，及 SpaceX 這種新創企業都陸續嶄露頭角。
在日本，除了原本的元老級企業之外，還有許多
特殊的新創企業陸續誕生。具有高度技術的異業
種企業，未來也有望前進太空。

24

太空產業的基本參與者
(LegacySpace)

過去的太空經濟，主要是由衛星及載送衛星的火箭構成，並且由擁有長期豐富經驗的少數大企業負責。

💡 世界上有哪些元老級企業？

想要瞭解太空經濟，就要知道太空經濟的基礎是與人造衛星相關的產業。目前為止，軍事及航空相關的歐美企業已成為產業中心。

① 衛星及火箭製造 + 服務

● 世界最大的軍火企業
洛克希德‧馬丁（美）

● 民用客機製造商的兩大巨頭之一
波音（美）

● 民用客機製造商的兩大巨頭之一
空中巴士（歐）

AIRBUS

因為是精密機械，要小心運送哦！

人造衛星
（載貨）

② 僅提供火箭發射服務

● 頂級商業火箭發射
亞利安空間（歐）

承攬世界各國的通訊、氣象、測位衛星的發射事業，本身沒有在製造火箭，會由其他企業購入。

💡 日本有哪些元老級企業？

　　和其他國家不同，日本的火箭製造商及衛星製造商是個別企業，分別為以造船業起家的重工業製造商及家喻戶曉的綜合電機製造商。

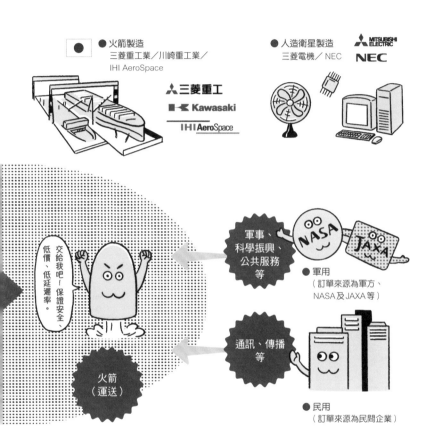

●火箭製造
三菱重工業／川崎重工業／
IHI AeroSpace

●人造衛星製造
三菱電機／ NEC

軍事、
科學振興、
公共服務
等

●軍用
（訂單來源為軍方、
NASA及JAXA等）

通訊、傳播
等

●民用
（訂單來源為民間企業）

交給我吧！保證安全、
低價、低延遲率。

火箭
（運送）

　　這些元老級企業具備了長年累積的知識及經驗，相信未來也會持續支持太空產業。當然，以能夠穩定地培養出優秀人才這點來說，元老級企業也是非常重要的存在。

25

急速擴張的太空新創企業
(NewSpace)

鉅額資金流入，促使歐美太空新創企業擴大成為更大的產業。
日本也以獨有的特色及發想佔有一席之地。

💡 IT元老們都放眼太空

以PayPal獲得成功的伊隆・馬斯克，以及靠亞馬遜公司獲得成功的
傑夫・貝佐斯等網路時代億萬富翁，大多對太空經濟給予鉅額投資，領
導產業發展。

世界上的太空新創公司

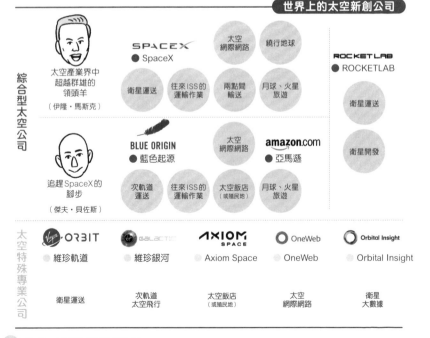

小型卻各有特色的日本新創公司

在日本，雖然沒有像歐美那樣大規模的太空新創公司，卻有許多具有特色的新創公司，並且在太空產業界獲得特殊的地位。

AXELSPACE　衛星大數據

● AXELSPACE
每日覆蓋地球全境的數據服務。負責超小型衛星的設計製造、發射及運用。

 Ridge-i　衛星大數據

● Ridge-i
業務內容包含深度學習，及 AI 畫面合成和感測數據的高度解析。

 Astroscale　清除太空垃圾

● Astroscale
清除太空垃圾的世界領導品牌，和國內外的組織都有合作。

SpaceBD　太空貿易

● SpaceBD
經營衛星發射事業，全面支援在太空中進行實證實驗的客戶。

 PD AEROSPACE　次軌道太空飛行　衛星運送

● PD AEROSPACE
在沖繩宮古島、下地島進行太空旅遊及太空運輸、太空船的開發。

   ALE　人造流星

● ALE
使用專用衛星製造人造流星的娛樂事業。

IST INTERSTELLAR TECHNOLOGIES　衛星運送

● 星際科技
在北海道大樹町開發世界最低價、可搭載輕巧小型衛星的火箭。

ispace　月球資源開發

● ispace
在 Google X 的月球調查競賽中以 HAKUTO 而聞名。可利用超小型機器人系統進行月面運輸、運用、獲取數據等。

SPACE WALKER　次軌道太空飛行　衛星運送

● SPACE WALKER
設計並開發次軌道飛行的循環利用有翼火箭（太空飛機）等。

     GITAI　太空機器人開發

● GITAI
開發並製造太空作業用機器人。在國際太空站內進行機器人通用作業技術完成度的實證。

過去太空產業皆由龐大的元老級企業把持。不過從 2000 年代開始，太空新創企業獲得來自 IT 元老的鉅額零用金挹注，並由身為領頭羊的 SpaceX 帶動全體太空產業發展。相信未來也會陸續誕生出許多獨特的新創公司，迎向群雄割據的時代。

26

通訊・傳播衛星的
經濟用途及參與者

提供船舶及飛機間的通訊、災害發生時的緊急通話，以及廣播
衛星、通訊衛星等，日常生活中不可或缺的服務。

💡 衛星已廣泛運用

透過交換電波進行通訊及傳播的衛星，在太空中進行電波處理，可覆
蓋的範圍遠大於陸地上的通訊、傳播範圍。

利用人造衛星進行「通訊」

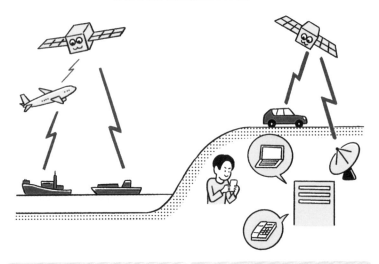

主要用途為船舶及飛機之間的通訊、災害發生
時的緊急通話等。民間企業及公家機關、地方
政府等都有在使用，國際機構「國際海事衛星

組織」及美國的「鈦星公司」本身即具備衛星
通訊網，在日本則有KDDI電信公司在使用這項
技術。

利用人造衛星進行「傳播」

日本衛星的傳播主要有廣播衛星（BS）及通訊衛星（CS）等播放機制，由東經110度的地球同步衛星向全日本發送電波，使用者有NHK及民間無線電視公司、CS傳播的完美天空公司等。由地球同步衛星發送的電波，不同於以天空樹這種電波塔所發送的無線電波，可以傳送到全日本。還有，像NHK World這種海外也能收看的頻道，則由名為「Intelsat」的國際通訊業者負責播放。

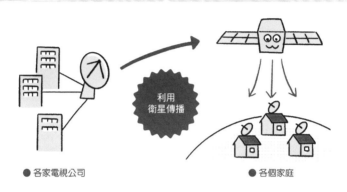

利用衛星傳播

● 各家電視公司　　　　　　　　　　　● 各個家庭

● NHK

NHK BSP

NHK BS1

● 免費頻道

BS日テレ　BS朝日　BS-TBS　BSテレ東　BSフジ

BS11　BS12　放送大学 ex　放送大学 on

● 付費頻道（BS、CS）

WOWOW　STAR　Movie Plus　日本映画専門チャンネル　FOX　AXN　Super! drama

ANIMAX　MTV　DISNEY CHANNEL　Discovery　HISTORY　animal planet

etc...

　　衛星讓我們的生活變得更方便。近幾年，利用超小型衛星的網路服務也逐漸開始建構起來，未來或許會因此而產生更多變化。

27

測位衛星的
經濟用途及參與者

提供 Google 地圖及汽車導航等位置資訊，可應用於自動駕駛
等各式各樣的領域。

💡 從對 GPS 的依賴，發展至擁有各自的衛星

以 GPS 聞名的測位衛星，最初是美國為了軍事目的開發而成。開放
給民間使用之後，被用於 Google 地圖、汽車導航、對飛機及船舶提供
位置資訊等，成為生活中重要的基礎建設。過去，用於民生設備時會有
失準的狀況。近年來，由於各國開始發射各自的衛星，每年得到的位置
情報也愈來愈精準。

GPS 測位衛星的運作機制

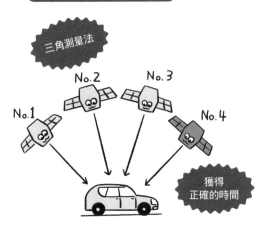

三角測量法

No.1　No.2　No.3　No.4

獲得
正確的時間

● 利用 3 機 + 1 機運作

美國
GPS

日本
QZSS

俄羅斯
GLONASS

中國
BDS（北斗）
COMPASS

歐洲
Galileo

印度
NavIC

● 近年來，由各國獨立發射的衛星

隸屬日本內閣府、開放給民間企業的準天頂衛星系統（QZSS）

日本也有發射自己的衛星，並從2018年11月開始使用。這個衛星系統可以補足GPS至今為止使用上的不足之處，形成更穩定獲得資訊的運作機制。

準天頂衛星的發射及運用

QZSS衛星　GPS衛星

good!

民間企業的商業利用

掌握兒童及年長者的位置情報

找到了！

自動駕駛

哎呀！

利用無人機精準配送

建設機械的精密操作及管理

有了準度更高的位置情報，就能提供需要精密機能及操作的服務。今後，可能還會有更多利用這些位置資訊的新型商業活動產生。

28

地球觀測衛星的
經濟用途及參與者

監控氣象、災害、農林漁牧、資源等陸地情況,極可能藉此獲
得前所未有的觀點!

💡 所有想知道的事情都可以一眼看穿!

　　地球觀測衛星如同字面上的意思,就是觀測地球狀態的衛星,也可以
稱作遙測衛星。觀測方式包括「光學觀測」,可以像相機一樣拍照;以
及「雷達觀測」,不論是缺少光源的夜晚,或是烏雲密布的天氣,都能
進行各種觀測。

透過衛星拍攝地表的技術主要有2種

● 透過光學感應進行觀測　　　　　　　　● 透過雷達進行觀測

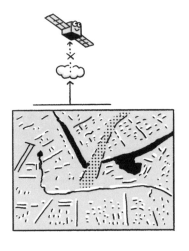

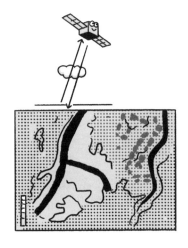

官民攜手，讓數據的運用範圍無限擴大

近年來，新型的觀測數據在商業領域中特別受到矚目。透過雷達、紅外線、微波等方式獲取影像數據，可應用於各式各樣的領域，例如：防災、氣象，甚至是民間服務。

參考一般財團法人 RESTEC 的資料製成。

地方政府 / 顧問 / 農業漁業林業 / 食品 / 外食銷售 / 物流 / 金融保險 / 建設及不動產 / 生活與公共事務 / 資源與能源 / 廣告行銷 / 娛樂

etc...

可進行觀測的數據種類非常多樣，相信未來也會持續增加。當太空大數據快速地被運用於商業用途時，原本乍看和太空完全不相干的產業，也會在太空中漸漸變成理所當然的存在。

衛星星座的經濟用途及參與者

近年來，高性能衛星技術「衛星星座」急速成長，未來可能運用於通訊及遙感探測。

未來可能提供更高性能的服務

近幾年，人類在太空中施放了大量的小型衛星，持續開發進行傳播、通訊及觀測的衛星網絡——衛星星座。各國的太空新創公司也開始加入在中、低軌道配置衛星的行列，可望提升通訊速度及準度。

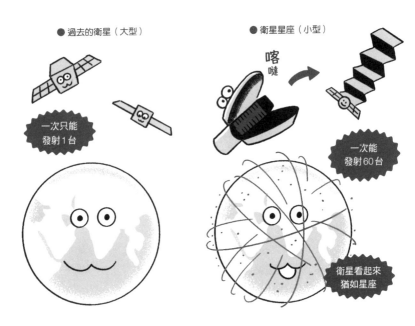

● 過去的衛星（大型）

一次只能發射1台

● 衛星星座（小型）

喀嚓

一次能發射60台

衛星看起來猶如星座

① 以衛星星座組成的「衛星網路」

伊隆・馬斯克、傑夫・貝佐斯、孫正義等網路時代的億萬富翁，都在這個領域中挹注了鉅額投資。不過，這項產業除了需要龐大的資金之外，入門的門檻也很高，未來可能成為全世界只有幾間公司在經營的寡佔事業。

預備發射大量衛星

IT界的巨擘
進行大規模投資

（伊隆・馬斯克）

（傑夫・貝佐斯）

（孫正義）

SPACEX

● SpaceX「星鏈」
在低地球軌道配置 4 萬台以上的衛星。

amazon.com

● Amazon「Project Kuiper」
在低地球軌道配置約 3000 台衛星。

○ OneWeb ＋ ═ SoftBank

● OneWeb（Softbank出資）
在低地球軌道配置 7000 台衛星。

② 以衛星星座獲取「太空大數據」

近年來，除了通訊技術之外，衛星星座也被運用在地球觀測衛星（遙測衛星）上。和陸地上的各種數據結合之後，就可以透過AI進行一站式分析。

衛星的製造及運用	planet. ● Planet Labs 以 150 台衛星構成的衛星星座。		AXELSPACE ● AXELSPACE 目前為 5 台配置的衛星星座。	
衛星數據分析	Orbital Insight ● Orbital Insight 對複數衛星數據進行AI及大數據分析。		⤬ Synspective ● Synspective 利用衛星數據提供解決方案的服務。	

比起以前的大型電腦，現在的智慧型手機性能更好。衛星也隨著時代演進，逐漸朝小型化、高性能化發展。對日本來說，小型化可說是祖傳技藝，在這樣的領域中似乎佔有優勢呢！

30

火箭及太空飛機的技術日新月異

隨著太空梭的退場，往來國際太空站的運輸途徑僅剩俄羅斯的聯盟號。過程中，也促成了美國民間企業的火箭製造業崛起。

💡 民間陸續參與，火箭開發正當紅

火箭是太空產業及開發的基礎。美國製造往返國際太空站的運輸火箭的時間並不長，不過 SpaceX 成功證明了以民間公司接受火箭訂單的經營模式是可行的。以此為契機，民間的火箭開發也持續蓬勃發展。

火箭的基本運作機制

前端部分會脫離火箭，繼續前往太空中的目的地。

火箭部分燃料用盡後，就會被拋棄。

陸續出現新造型及新的運作機制！

太空運輸機的機體根據用途，在造型及運作機制上會有不同的樣貌。許多從未看過的新型起飛及著陸模式，例如：推進器會自動回到陸地上的火箭、像飛機一樣可以從母船上發射的太空飛機等等，有愈來愈多的趨勢。

① 部分機體可循環利用的「獵鷹9號」（SpaceX）

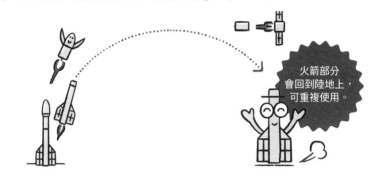

火箭部分會回到陸地上，可重複使用。

② 次軌道飛行專用的「太空船2號」（維珍銀河）

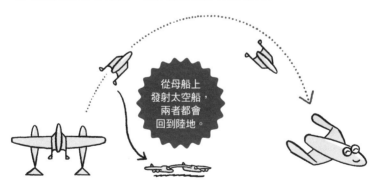

從母船上發射太空船，兩者都會回到陸地。

目前的需求大多是運送政府太空開發機關的酬載及乘客，不過今後或許會有各式各樣來自民間企業的需求。例如：以較低的成本大量發射更輕量的物品等。根據不同用途，會出現各種機體及服務。

31

火箭產業的參與者

火箭及太空飛機產業未來會因為民間企業的參與，迎來包括傳統大企業及新創公司的群雄割據時代。

💡 太空產業興盛導致供給不足？

如同先前所述，目前發射人造衛星、將物品和人類載往太空中的需求年年攀升，隨之而來的是發射火箭及太空飛機的迫切需求。因此，各家廠商也發展出了競爭開發的拉鋸戰。

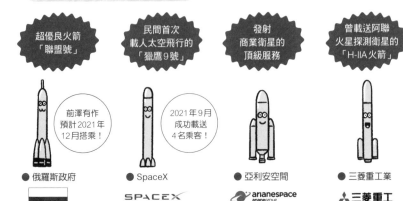

運輸乘客

2011年太空梭正式退役後，很長一段時間人類往返太空只能透過俄羅斯的聯盟號。不過2020年SpaceX以獵鷹9號將乘坐太空人的天龍號太空船送往國際太空站後，美國再次獲得將人類送往太空的運輸手段。

運輸人造衛星

歐洲的亞利安空間公司提供了發射商業衛星的頂級服務。發射地點在南美赤道附近的法屬圭亞那。其大受歡迎的祕訣在於高信度，以及顧客至上的接待方式。

超優良火箭「聯盟號」

前澤有作預計2021年12月搭乘！

● 俄羅斯政府

民間首次載人太空飛行的「獵鷹9號」

2021年9月成功載送4名乘客！

● SpaceX
SPACEX

發射商業衛星的頂級服務

● 亞利安空間
arianespace
anane group

曾載送阿聯火星探測衛星的「H-IIA火箭」

● 三菱重工業
三菱重工

運送小型衛星

目前為止，小型衛星都是透過與大型衛星「共乘」的方式發射。但是，這樣就必須配合大型衛星的發射時間，非常沒有效率。因此，世界上愈來愈多針對小型、超小型衛星提供發射服務的事業。

於兩點間高速飛行

藉由兩點間的高速飛行，往返紐約及東京只要40分鐘左右。搭乘頭等艙、經濟艙飛越太空的時代要來了嗎？

環月旅遊

先有民營的環月旅遊服務，加上美國主導的「阿提米絲計畫」預計會登陸月球，並建設基地。最終目標是前進火星。

由機場跑道水平起飛

以紐西蘭為發射據點的美國企業

大分機場也已預定啟航！

夢幻的超大型太空船「星艦」

前澤友作預計於2023年搭乘！

● 維珍軌道
Virgin ORBIT

● ROCKETLAB
ROCKETLAB

● SpaceX
SPACEX

次軌道太空飛行旅遊

載著乘客飛往100km高的太空中稍微體驗一下再回到地球，是種歷時超短的太空旅遊服務。只有10分鐘～數十分鐘的航程，比起旅遊，其實更像是遊樂設施的概念。2021年7月時，已有2間公司的創業者成功地搭乘，並且平安返回地球。

由機場跑道水平起飛的「太空船2號」

10分鐘極限旅遊「New Shepard」

● 維珍銀河
Virgin GALACTIC

● 藍色起源
BLUE ORIGIN

　　未來勢必會因應目的地及行程、酬載等條件，開發出各式各樣的火箭及太空飛機。新型企業的參與也是可預見的。

32

自動駕駛、物聯網、AI等產業轉移至太空！

未來的經濟活動不只有技術開發，技術「轉移」也成為關鍵。
太空產業對於日本來說是個轉型的大好機會。

💡 要如何轉移現有技術呢？

對於競爭激烈的先進技術領域而言，除了技術開發之外，「技術活用」也是很重要的關鍵。目前已經有不少將太空技術運用在陸地上的案例，未來將陸地上的產業技術活用於太空產業的機會也會增加吧。

① 導入日本的技術，從陸地飛往太空！

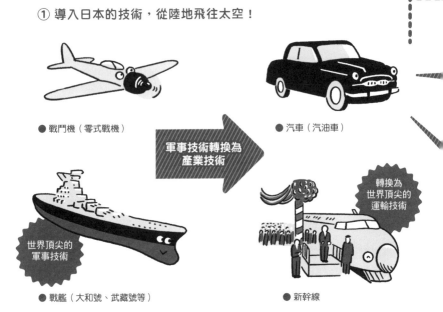

● 戰鬥機（零式戰機）

● 汽車（汽油車）

軍事技術轉換為產業技術

世界頂尖的軍事技術

轉換為世界頂尖的運輸技術

● 戰艦（大和號、武藏號等）

● 新幹線

② 從太空傳回陸地的技術，在生活中愈來愈普及！

太空技術的延伸利用方式

金融工程

低回彈、吸收衝擊材質

冷凍乾燥食品

消防設備

CMOS影像感測器

防火簾、滅火毯

汽車安全氣囊

積層橡膠隔震器

室內吸音材質

汽車電動化之後，不再被需要的引擎供應鏈要如何轉換呢？

供應鏈

● 汽油車轉型為電動車

電動車和自動駕駛無論在陸地或是太空中都是必要的技術！

H_2O 耶～

H H O

● 利用氫氣作為燃料的氫燃料電池車登場

日本傾力研究的氫氣活用技術，近年來被運用在汽車產業，未來還可能被運用在重工業、飛機、再生能源運輸等各種產業上！

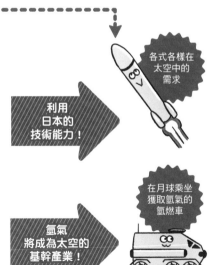

利用日本的技術能力！

各式各樣在太空中的需求

氫氣將成為太空的基幹產業！

在月球乘坐獲取氫氣的氫燃車

教教我！太空的工作 ④

高田真一　　　太空事業製作人

Takata Shinichi　JAXA 新事業促進部參事兼 J-SPARC 計畫製作人。取得航太碩士學位後，進入 JAXA 就職。曾負責的工作有：火箭引擎開發、太空船「白鸛」的開發及運用、在美國休士頓駐點調整國際太空站及未來調查計畫等。現在的工作內容則是負責與民間單位共創活動，試圖以未來確定成行的太空旅遊為基礎，打造新事業，進一步開創新的經濟圈。

Q 首先，能和我們介紹一下「太空事業製作人」這個工作嗎？

A 太空事業製作人的工作內容是藉由「JAXA 太空創造夥伴計畫」（J-SPARC）這項研究開發計畫，由官民合作，共同創造新技術及新的太空事業。目前為止的太空事業，無論是在美國或日本，都是以國家為主體在推動發展。不過，最近開始出現了一些變化。未開拓的太空領域仍由國家主導開發，已開拓的太空領域則由民間企業主導。因此，計畫的發展方式是由 JAXA 負責研究開發，民間企業則利用 JAXA 開發的技術及經驗，創造太空相關事業。

Q 舉例來說，會做些什麼事呢？

A 例如：促進民間企業對國際太空站的使用。目前為止，國際太空站上一直都只有太空人常駐，主要目的是讓研究人員做實驗。不過，國際太空站未來也預計會對民間企業及個人開放，因此正在計畫透過各種合作方式拓展事業。

Q 究竟有哪些事業，能再多透露一些嗎？

A 其中一項合作事業是由民間企業發展太空機器。將原本由太空人進行的艙內作業交給自動化機器人操作，就能大幅提升效率，同時減少讓太空人暴露在危險中的艙外活動。目前已有日本的太空機器人新創公司正在進行作業用機器人的開發，其機器人實際操作已超過 NASA 的高度安全標準，未來想必在各方面都會很有幫助。

另外，日本的數位創意公司也提出了設立世界唯一的雙向太空電視台——「KIBO 宇宙放送局」，可望透

過影像連結太空及陸地。希望未來可以由國際太空站上的日本太空人入鏡，將國際太空站看到的第一個太空中的日出實況轉播到地球上，或是將地球上觀眾的影像訊息實況轉播至國際太空站，創造一個太空與地球雙向互動的娛樂方式。

此外，已有許多民間企業實現了活用太空人訓練方式進行的次世代教育。太空人在「異文化理解」、「判斷狀況、下決策、解決問題」、「團隊合作及團體行動」等方面的行動及心態都有嚴格要求，學習範圍非常廣泛。而在變化莫測的現代，透過這種教育方式也能發揮學生自身的可能性，對於帶動社會進步的人才養成可說是貢獻良多。目前，日本全國學校正在推動活用太空人訓練知識的計畫。

Q 可以告訴大家您從事現在工作的契機嗎？

A 我原本是太空船的引擎開發工程師，負責處理太空站的無人物資補給運輸機「白鶴」的研究開發、運用管制等。後來2014～2017年在美國休士頓（NASA強森太空中心）期間，我負責國際太空站上各國之間的國際協調，以及各種美國官民合作的太空相關事業的促成。在美國由民間提供資金及技術創立的太空商業活動及新創公司如雨後春筍般冒出，而且企業間的相互競爭也能促進太空產業更加蓬勃發展。這方面的發展當然也和NASA息息相關，關於如何融合「NASA的技術及經驗」

和「民間企業的發想及速度感」，目前已累積了許多相關經驗。這些經驗包括締約方式、預算編列、技術開發的適用方式、收集想法的方法「容許失敗的文化及規則等等，多到說不完。當時的我，真實感受到美國的強大之外，也強烈意識到日本現狀的危機。因此，為了證明日本的太空產業也能由官民共創，便加入了JAXA創立新事業的工作。

Q 在這份工作中有遇到什麼樣的困難和有趣之處呢？

A 這是過去從來沒有的工作，工作內容就是不斷地產出新事物。因此，雖然過程很辛苦，心中卻有更多的雀躍感。此外，因為不是和同一個組織或公司的成員一起工作，能夠和各種領域及專業完全不同的人們進行想法及技術上的碰撞磨合，實現共創新事業的過程，對我來說意義非凡。而且，基於太空產業的開拓精神，很多事情是沒有既定答案的。能夠自行探索並將之實現，也是這份工作吸引人的地方。

Q 請和讀者們說說關於工作的未來展望吧！

A 在不知不覺中，太空技術已經融入各位日常生活中了。未來會更加需要看似和太空無緣的人們的觀點和想法。請各位務必和我們一起腦力激盪，共同開拓新世界，讓太空變成生活中理所當然的存在！

第 **5** 章

打造連接太空與地球的經濟重鎮

陸地上的一大產業據點——太空機場

當往來陸地與太空的需求增加，就會需要建造航廈，也就是「太空機場」！

太空機場預計成為未來的經濟重鎮，世界各地都已開始進行相關建設，而日本也有幾處正在進行準備。

33

太空機場

太空機場為連接太空與陸地的中繼站，也就是火箭及太空飛機出發、著陸的地方。

💡 眾人飛向太空的出發點

太空機場是我們航向宇宙的起點。未來前往太空的方式，將會是垂直發射的火箭，或是從跑道水平起飛的太空飛機。

太空機場有 2 個類型

● 垂直型太空機場（過去的類型）

將大家熟悉的火箭發射升空的太空機場，大多稱作「火箭發射場」。不過，最近愈來愈多人會連同周邊設施，一起總稱為太空機場。

● 水平型太空機場（近年的類型）

起飛方式和飛機一樣，從跑道上加速起飛，將物品（人造衛星）及乘客送到太空中。這類型的太空機場可直接利用飛機跑道（長度需達3000m以上），可能會和一般機場併用。

兼具機場及太空機場機能的港埠建設

近年來，陸續開發出能水平起飛的太空飛機，可以利用一般機場的跑道起飛。因此，世界各國都開始計畫打造出兼具機場及太空機場機能的航太機場。

航太機場可以通往任何地方！

▮太空▮

▮海外▮

▮國內▮

在美國已有幾處完成的太空機場，英國、義大利、加拿大、阿拉伯聯合大公國等，也陸續展開各自的太空機場計畫。日本當然也不遑多讓，持續在推展相關計畫。

34

無論哪個時代，
對外門戶都是重要據點！

21世紀國家的重要經濟據點，將從港口、機場，轉變為太空機場！

連接陸地與海洋

連接陸

① 港口 ＝ Port

② 機場

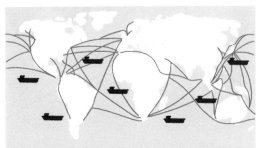

目前需求仍然呈現爆炸性成長。
貿易物流大部分還是經由海上運送。
▶ 港口是物流的據點！

目前需求仍然呈
旅遊、出差等需
動，大多是藉由
▶ 機場是人流及

控制三種港埠的國家，就能控制經濟？

與陸地分開之處連接的據點稱作「港埠」，就歷史及地政學方面來說，都是非常重要的據點。新加坡就是這樣的例子，因為擁有樞紐港及樞紐機場的地利之便，進而成為貿易及金融等各種產業的重鎮。

接下來將進入「太空機場」的時代。太空機場會接續在「港口」、「機場」之後，成為地政學的要衝，因此，歐美、亞洲及中東各國都已開始摩拳擦掌，在實踐太空機場的路上相互競爭。

天空

連接陸地與太空

port

③ 太空機場 = Spaceport

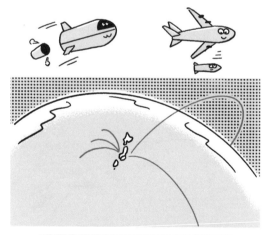

性成長。
進行的人類移
機。
據點！

未來需求將有爆炸性成長！
人造衛星的運送及人類往來太空都會需要太空飛機。
▶ 太空機場是人流及高速物流的據點！

35

世界與日本的太空機場

太空機場是社會基礎建設的最前線，各國都為了爭奪霸權而加速建設。這正是所謂的「太空地政學」！

💡 太空機場是 21 世紀的基礎建設產業！

無論哪個時代，統治國家及統治世界都需要進行基礎建設，包括建造道路、整頓水源及灌溉設備以利農業發展等等。為了確保資源及能源，也會整頓管線、鐵道、海運、空運的路線，藉此促進經濟循環、拓展國際間的影響力。而太空機場就是這個發展過程的起始點，世界各地都已經開始著手進行相關建設。

代表性的太空機場

● 美國太空機場
美國新墨西哥州
（維珍銀河的太空旅遊據點）

在沙漠的正中央

● 休士頓太空機場
美國德州休士頓市
（全美第 4 大都市）

太空產業的中心

● 康沃爾太空機場
英國康沃爾郡
（英格蘭西南部）

2021 年
G7
高峰會
舉辦地

日本是最強的太空機場開發地

發射火箭及太空飛機,通常都需要朝東方或是南北方向。符合這個條件的區域在地球上非常有限,日本可說是佔了地利之便。

日本東方及南方的公海上最適合作為發射地!

太空機場世界地圖

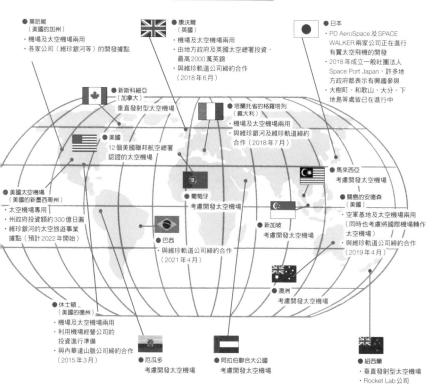

● 莫哈維
(美國的加州)
・機場及太空機場兩用
・各家公司(維珍銀河等)的開發據點

● 康沃爾
(英國)
・機場及太空機場兩用
・由地方政府及英國太空總署投資,最高2000萬英鎊
・與維珍軌道公司締約合作(2018年6月)

● 日本
・PD AeroSpace 及 SPACE WALKER 兩家公司正在進行有翼太空飛機的開發
・2018年成立一般社團法人 Space Port Japan,許多地方政府都表示有興趣參與
・大樹町、和歌山、大分、下地島等處皆已在進行中

● 新斯科細亞
(加拿大)
垂直發射型太空機場

● 塔蘭托省的格羅塔列
(義大利)
・機場及太空機場兩用
・與維珍銀河及維珍軌道締約合作(2018年7月)

● 美國
12個美國聯邦航空總署認證的太空機場

● 馬來西亞
考慮開發太空機場

● 美國太空機場
(美國的新墨西哥州)
・太空機場專用
・州政府投資額約300億日圓
・維珍銀河的太空旅遊事業據點(預計2022年開始)

● 葡萄牙
考慮開發太空機場

● 開慕的安德森
(美國)
・空軍基地及太空機場兩用(同時也考慮將國際機場轉作太空機場)
・與維珍軌道公司締約合作(2019年4月)

● 新加坡
考慮開發太空機場

● 巴西
・與維珍軌道公司締約合作(2021年4月)

● 澳洲
考慮開發太空機場

● 休士頓、
(美國的德州)
・機場及太空機場兩用
・利用機場經營公司的投資進行準備
・與內華達山脈公司締約合作(2015年3月)

● 厄瓜多
考慮開發太空機場

● 阿拉伯聯合大公國
考慮開發太空機場

● 紐西蘭
・垂直發射型太空機場
・Rocket Lab 公司

參考《太空機場地圖》(Space Port Japan)製成。

36

巨大的太空機場產業效應！

太空機場未來會像港口及機場一樣，變成城市建設及產業建設的中心，陸地上所有經濟活動將發生改變！

💡 各種經濟活動的匯集據點

太空機場並不是蓋好就結束了，就像電車、新幹線及機場，後續還會帶來產業效應。除了會有建設、通訊等產業的加入外，還會有為了太空相關工作者及觀光客設立的飯店、商務辦公室、餐飲及觀光等。此外，上述產業也會帶動娛樂、廣告、藝術等各式各樣的產業加入。

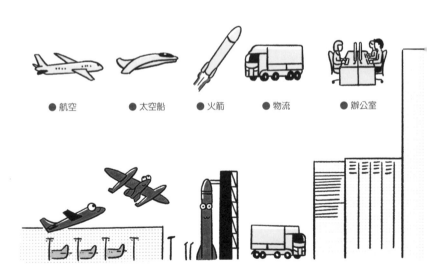

● 航空　　● 太空船　　● 火箭　　● 物流　　● 辦公室

💡 成為都市及產業的發展中心

在即將來臨的時代，能否成為海運、空運及太空運輸的樞紐，將是通往經濟及文化發展的鑰匙。太空機場有極高的可能成為地區發展的關鍵因素，或許會發展出像綜合型渡假村及會展觀光的產業，成為視聽娛樂、國際會議、商展等經濟活動的中心。

● 通訊　　● 廣告　　● 藝術　　● 娛樂　　● 貿易公司

● 飯店　　● 餐飲　　● 觀光　　● 教育　　● 金融

● 不動產　　● 建設　　● 保險

37

溫泉 × 太空的國際都市！航太城「大分」

湧出量世界第一的溫泉與太空聯合共創國際觀光都市，未來將放眼太空、開啟小型衛星發射事業！

💡 大分機場有望成為亞洲首座水平型太空機場

維珍軌道公司已預計在大分機場啟航。維珍軌道提供的服務是讓裝載著火箭的太空船水平起飛，並在上空中發射火箭，將小型衛星送到太空中。大分機場之所以被選中作為太空機場的原因如下：①具有夠長的跑道、②面向大海、③地方的工業和產業擁有紮實的基礎。目前已陸續在進行準備中。

大分縣國東市既有的機場即將變身！

建造在海上且跑道長達3000m的機場。可以當作機場及太空機場？

從溫泉到國際大學，充分活用其獨特的地利之便

大分具有溫泉湧出量世界第一的別府溫泉，觀光資源豐富。此外，來自數十個國家的留學生所就讀的「立命館亞洲太平洋大學」也在大分，堪稱是國際型都市。未來可能會有太空商務而造訪大分的人們，只要利用這些條件，就能打造出兼具商務及旅遊機能的完美環境。而且，若未來成功地發展出太空旅遊產業，就能向世界提供「溫泉之旅暨太空之旅」這種跨時代的旅遊形式。

沉浸於祕湯及太空中的「大分太空機場」

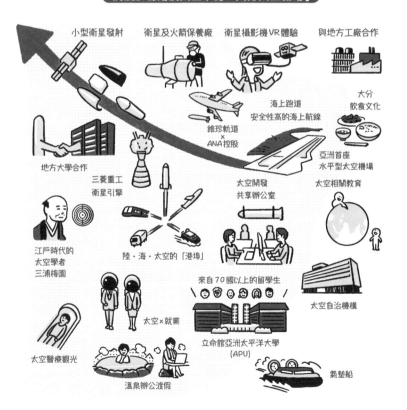

小型衛星發射

衛星及火箭保養廠

衛星攝影機 VR 體驗

與地方工廠合作

海上跑道
安全性高的海上航線

大分
飲食文化

維珍軌道
×
ANA 控股

亞洲首座
水平型太空機場

地方大學合作

三菱重工
衛星引擎

太空開發
共享辦公室

太空相關教育

江戶時代的
太空學者
三浦梅園

陸・海・太空的「港埠」

來自 70 國以上的留學生

太空自治機構

太空×就業

立命館亞洲太平洋大學
(APU)

太空醫療觀光

溫泉辦公渡假

氣墊船

參考《太空機場地圖》（Space Port Japan）製成。

38

世界最美太空機場！
航太渡假村「下地島」

被珊瑚礁及鈷藍色海域環繞的絕景渡假型太空機場，實現渡假村及太空的複合型旅遊體驗。

💡 緊鄰沖繩、宮古島的美景地點

下地島機場為太空旅遊航線、PD AeroSpace（ANA、HIS）的次軌道太空飛行機場預定地，緊鄰宮古島，可以看見宮古島與伊良部大橋相接的絕美景色。這裡是維珍銀河的太空旅遊基地，和沙漠中央的美國太空機場完全相反。由這裡出發前往太空，可以順道停留宮古島，旅遊過程包含了往返太空前後的體驗，可說是綜合型的太空旅遊。

以飯店式裝潢的下地島機場為太空旅遊據點！

下地島機場具有閃耀著祖母綠光輝的海上跑道。未來將搖身一變，成為渡假地的中心？

💡 具高度娛樂性的奢華旅遊體驗！

　　僅數十分鐘～1小時左右、可以體驗短暫太空旅行的次軌道太空飛行之旅，更像是個遊樂設施。除了迪士尼樂園般的主題樂園之外，也包括太空旅遊前後的體驗。一同前來目送飛行的親友們，也能獲得全面的旅遊體驗服務。

世界最美的「下地島太空機場」

實現數萬～1億日圓的觀光行程！

高度 100 km 的太空婚禮

太空旅遊公開觀賞

超高級日式餐廳

頂級太空飯店

無重力飛行體驗

PD AeroSpace

搭乘私人飛機的富人造訪

跳島旅遊

太空機場休息室

世界最美太空機場渡假村

世界第一的太空機場打卡景點

海洋休閒活動 × 太空

禪

長壽縣

長壽食品

私人海灘

上圖是參考《太空機場地圖》（Space Port Japan）製成

39

目標是成為太空版矽谷！
北海道太空機場「大樹町」

位於十勝的大樹町土地，正在籌備建造垂直和水平的綜合型太空機場，未來將成為太空相關產業的一大據點！

💡 亞洲首座對所有太空產業參與者開放的港埠

小型衛星的太空運輸需求急速擴大，製造小型且價格低廉火箭的星際科技產業也應運而生。其中，大樹町已經開發作為發射場使用，而且是亞洲首座所有太空產業參與者都可以使用的港埠，未來將兼具垂直發射及水平起飛的功能，成為太空產業的一大據點。

參觀發射過程成為近期流行活動

在十勝平原上，面向沿海地區的太空機場，備有發射火箭及太空飛機的專用設施！

💡 可望成為太空人才的聚集地

　　垂直型火箭的發射場面能給人振奮的感覺，具有成為觀光資源的潛力。另外，相關產業的實驗機構、生產及加工廠、共享辦公室等湊齊之後，太空相關的企業、大學、政府機構、學童等，各式各樣太空產業界的人才就會逐漸聚集，形成一個融合產業及觀光資源的城市。

可望成為太空產業據點的「北海道太空機場」

常發射熱氣球、水平和垂直火箭

晴天機率高的十勝天氣

搭乘本田航空環遊北海道

發射場參觀人數日本第一

十勝帶廣機場

SpaceWalker Inc.

有丹頂鶴居住的研究機構

觀賞火箭及海景的飯店、餐廳

星際科技產業

產業視察旅遊行程

減碳

二世谷滑雪渡假

海產、美味料理

威士忌

地方大學

35

具有35年歷史的老牌太空機場

太空新創投資者聚集地

使用生物甲烷作為燃料

衛星辦公室及衛星校園

參考《太空機場地圖》（Space Port Japan）製成。

40

50分鐘內抵達紐約、倫敦的都市型太空機場

太空飛機不只能將人及物品運送到太空，只要能以超高速移動及運輸到陸地各處，就能馬上成為經濟、文化中心！

💡 太空機場的究極形式

如果能實現在地球上的兩點間高速運輸，到世界各地可能只需要2～3小時（垂直型起飛只要30～50分鐘）的飛行時間。這樣一來，太空機場就有可能取代一般機場，影響力將難以估計。

兩點間高速運輸的客機

● 垂直型P2P

SpaceX計畫讓地球上的交通飛行時間縮短至30～50分鐘。

● 水平型P2P（極音速客機）

波音、空中巴士、JAXA等機構，計畫將地球上的交通飛行時間縮短至2～3小時。

都市之間的高速移動「首都圈太空機場」

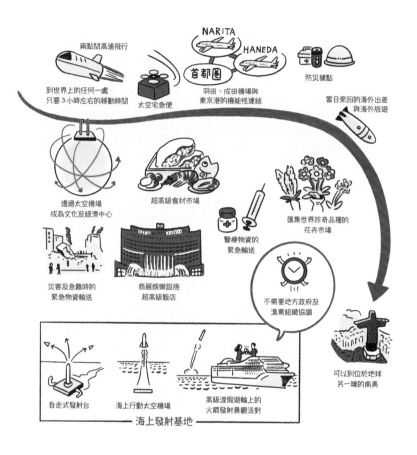

兩點間高速飛行

到世界上的任何一處
只要3小時左右的移動時間

太空宅急便

NARITA
HANEDA
首都圈

羽田、成田機場與
東京港的機能性連結

防災據點

當日來回的海外出差
與海外旅遊

透過太空機場
成為文化及經濟中心

超高級食材市場

醫療物資的
緊急輸送

匯集世界珍奇品種的
花卉市場

災害及急難時的
緊急物資輸送

商展娛樂設施
超高級飯店

不需要地方政府及
漁業組織協調

可以到位於地球
另一端的南美

自走式發射台

海上行動太空機場

高級渡假遊輪上的
火箭發射景觀派對

海上發射基地

參考《太空機場地圖》（Space Port Japan）製成。

　　除了人類本身的高速移動之外，還能運用在災害與急難時的緊急物資輸送，以及醫療物資、超高級食材、珍奇花卉的運送等用途。有這種高速客機起降的太空機場，極有可能成為世界經濟和文化的重鎮。

教教我！太空的工作 ⑤

鬼塚慎一郎　　　太空航空公司

Onitsuka Shinichiro　ANA控股集團經營策略室事業推廣部、太空事業組組長。大學畢業後進入航空相關的貿易公司，曾經手航空相關服務的新事業開發、飛行器金融組織、物流顧問等工作。目前負責擬定全公司的策略、支援特定領域的事業策略執行、投資創新產業、規劃機場概念等。

Q 請問太空航空公司指的是什麼呢？

A 意思就是目的地及中繼站包含「太空」在內的航線（航空公司）。其實，「太空航空公司」這個詞，也是為了這次的訪談才想出來的（笑）。一般的航線，例如：東京到夏威夷、東京至曼谷轉機到阿布達比等，都是在大氣層中往返。相對的，太空航線則是東京到太空，或是東京經太空至紐約等，將目的地及中繼站擴大到大氣層之外。

Q 單就航空公司來說，工作內容有哪些呢？

A 航空公司的主要工作有購買並維護飛機，以及飛行。航空公司可以向波音及空中巴士等飛機製造商購買飛機。購買時，可以指定座椅、內裝設計等，由此與其他公司區分出賣點。還有，飛機的飛行路線基本上取決於這架飛機的需求。所謂需求，包含乘客運輸及貨物運輸。其實，飛機的下半部都是運輸貨物的空間。大部分的乘客都會在目的地間往返，但是貨物運輸大多是單向的。尤其是在渡假地起飛時，特別需要確認雙方的貨物需求。另外，還有維護的部分。飛了好幾趟的飛機，為了安全運行，需要經過非常確實地維修檢查。進行這類整備工作時，都會累積許多知識和經驗。

Q 太空航空公司的工作，具體來說有哪些呢？

A 現在的航空公司都是在距離地面約12km的空中移動，並以此為經濟領域，應對各種運輸需求。不過，未來前往太空旅遊、停留太空的人數將有飛躍性成長，乘客、食品原料、衣物、資材等物資的運輸

需求也有提高的可能性。因此，未來的航空公司經濟範圍將持續向上拓展，不會僅限於大氣層內，這甚至可說是必然會產生的策略方向。基於上述考量，ANA控股也開始將太空納入範圍，發展往返太空的物資輸送及乘客運輸事業。

Q 舉例來說，
有什麼樣的事業內容呢？

A 物資輸送的部分是和美國企業「維珍軌道」合作，在日本國內提供將人造衛星運送到太空的服務，現在正在進行相關準備。目前也已對外發表，大分機場將會是這項服務的起降地點。雖然運送的目的地是太空，不過一般的空運物資輸送服務原本就是航空公司的業務範疇，相信可以沿用我們在這個領域的相關知識和經驗。此外，公司是一個大型集團，其中包含了貿易公司及物流公司，機能方面的協同作用也是考慮的因素之一。

關於乘客運輸的部分，則是與日本的太空新創公司PD AeroSpace進行企業聯盟，以實現次軌道太空飛行和太空運輸服務為方向，推動太空飛機的開發。我目前也以外聘董事的身分參與公司的計畫。這部分也已對外發布，會以沖繩的下地島機場為起降據點。下地島與宮古島之間有橋樑相連，是條件極佳的渡假地點，深具發展成太空旅遊起降基地的潛力。我相信這項事業也可以將ANA提供整體旅遊服務的經驗發揮到最大化。

Q 在這份工作中，
有遇到什麼樣的
困難和有趣之處嗎？

A 未來，人類的經濟圈勢必會往太空拓展。然而，在這可預見的發展領域中，參與者卻還寥寥無幾。因此，只要現在投入這個領域中，或許就能成為業界的第一人。而且，相信做愈久，就愈有機會開拓出遙遙領先的局面。乍看之下很像是癡人說夢，不過我們只是現在就開始認真規劃將來的經濟活動罷了。目前的太空產業，大概就像20年前的網路產業吧。像現在這樣，和各式各樣的人們一起開拓事業，為了即將到來的發展做準備，是我認為這份工作最吸引人的地方。

Q 請和讀者們說說關於工作的
未來展望吧！

A 在航空產業的黎明期，有多少人曾想過會發展成多數人搭乘飛機移動的局勢呢？而這樣的時代，已經成為現實。在未來，太空一定會被納入航空產業之中。雖然還無法斷言什麼時候發生，但這可能正取決於各位的行動。當愈多人對這樣的時代充滿期望並身體力行，這個時代就會愈早來臨。

第 6 章

太空旅遊經濟
終於正式啟動！

後疫情時代的
觀光產業

紐約、巴黎、倫敦、里約熱內盧，50分鐘內就
能夠飛到世界各地。
從次軌道太空飛行到環月一周，太空旅行的形式
愈來愈多元！在這10年內，我們的旅遊形式將
大幅度改變。

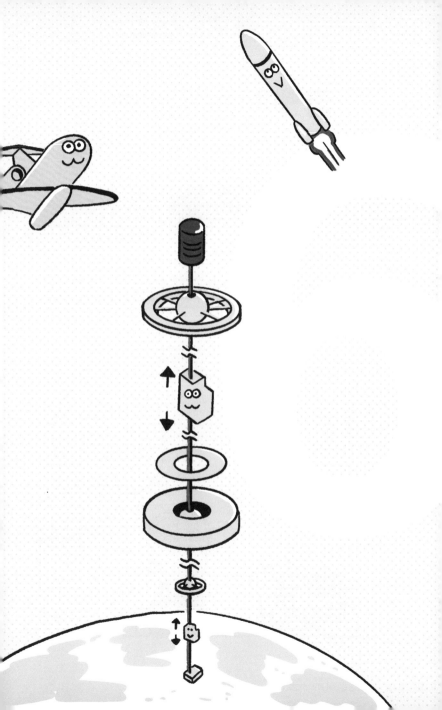

41

富豪的海外旅行
將由飛機改為太空船

「咦!? 你還在大氣層裡飛嗎？這樣太慢了吧？」
透過兩點間的高速輸送，旅遊、出差的距離感將大幅改變。

💡 3小時內就能前往世界上的任何地方？

透過兩點間高速輸送的技術，前往世界各地只需要2～3小時左右
（垂直型起飛只要30～50分鐘），對於旅遊及出差的距離感、時間感，
將會和現在完全不同。

2040年代的親子對話

在未來的時代，超高速的旅遊及出差將成為日常

移動方式高速化，會先從旅遊、出差時的頭等艙及經濟艙開始做出區別。後續產生規模效應之後，價格就會逐漸下降。最終，多數長距離的海外移動，將由太空途徑取而代之。

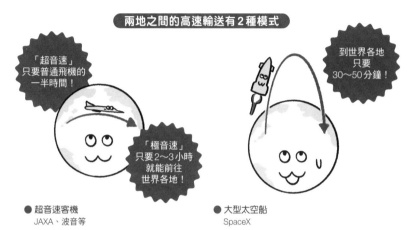

兩地之間的高速輸送有2種模式

「超音速」只要普通飛機的一半時間！

「極音速」只要2〜3小時就能前往世界各地！

到世界各地只要30〜50分鐘！

● 超音速客機
JAXA、波音等

水平起飛型的客機會從普通機場（太空機場）的跑道起飛。從私人噴射機到一般客機，種類十分多元。

● 大型太空船
SpaceX

透過可以載送100人左右前往月球及火星的大型太空船「星艦」，從海上太空機場垂直發射。

● 移動時間大幅縮短

	飛機	太空船
東京 → 新加坡	7小時10分鐘	28分鐘
倫敦 → 紐約	7小時55分鐘	29分鐘
紐約 → 巴黎	7小時20分鐘	30分鐘
雪梨 → 新加坡	8小時20分鐘	31分鐘
洛杉磯 → 倫敦	10小時30分鐘	32分鐘
倫敦 → 香港	11小時50分鐘	34分鐘

參考SpaceX的資料製成。

未來海外出差就能輕鬆地當天來回了！

未來，當太空途徑成為長距離高速移動的日常時，大氣層內的航空運輸業或許將成為國內近距離移動及物流的主要手段。無論是經由太空或大氣層內的飛行，可以確定的是將來一定都會發生各式各樣的變化。

42

太空旅遊行程
「次軌道太空飛行」（彈道飛行）

體驗僅數分鐘的高速太空旅行！男女老幼都能樂在其中的
「超高規格娛樂設施」。

💡 輕鬆享受在太空中停留的太空旅行！

　　雖然想到外太空一探究竟，但只要想到必須經歷數個月的訓練才能前往太空，就覺得好麻煩。而且只是去看一下，就要花50億日圓，實在貴到下不了手。對於有上述想法的人來說，次軌道太空飛行（彈道飛行）就非常合適。這項設施可以一口氣上升到太空的高度，並且能體驗短短幾分鐘的太空飛行。

2021年7月，2名創業家完成相差9天的太空體驗！

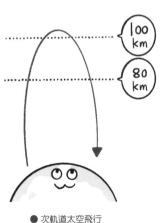

● 7月11日

維珍銀河的理查・布蘭森等6人

● 7月20日

藍色起源的傑夫・貝佐斯等4人

● 次軌道太空飛行

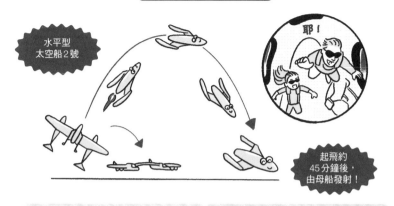

維珍銀河（理查・布蘭森）

水平型
太空船2號

起飛約
45分鐘後，
由母船發射！

維珍銀河的旅遊計畫，是藉由載著太空船的母船，從機場跑道水平起飛，在距離地面15km處

讓太空船瞬間起飛到太空中，讓乘客體驗無重力狀態。太空船會再經由機場跑道水平著陸。

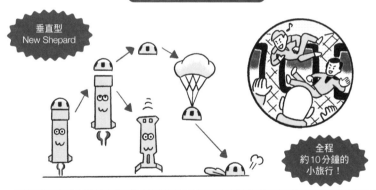

藍色起源（傑夫・貝佐斯）

垂直型
New Shepard

全程
約10分鐘的
小旅行！

藍色起源的旅遊計畫是透過完全自動運轉的火箭一口氣飛向太空，讓乘客體驗無重力狀態。

接著，乘客再搭乘太空艙的部分，藉由降落傘著陸。

　機票竟然只要3000～5000萬日圓！如果覺得還是太貴……不好意思，想買這張機票的人可不在少數，而且一開賣就瞬間售罄了。不過，長期看來，價格應該會漸漸下降。

43

太空旅遊行程「太空飯店住宿」

享受美景、體驗無重力環境、遊玩微重力設施等，在太空飯店經歷最棒的旅遊體驗！

💡 將國際太空站改為商用太空飯店

目前，Axiom Space正在推動將國際太空站轉為飯店利用的計畫案。現在的國際太空站還是太空人的實驗室及工作場所，未來飯店模組預計會與之對接。當國際太空站退役後，飯店模組就會脫離國際太空站，成為獨立的太空飯店。

Axiom Space的太空飯店計畫（2022年～）

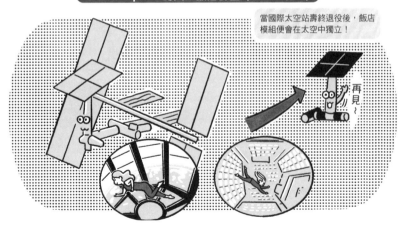

當國際太空站壽終退役後，飯店模組便會在太空中獨立！

再見～

將國際太空站接上太空飯店專用的模組。

由菲利普・斯塔克設計內裝的時尚太空飯店。

💡 快樂又浪漫的究極太空站！

由美國財團門戶基金會計畫的航海家太空站，是一處匯集了人類夢想的太空站。站體本身會透過旋轉產生離心力，在太空站內部產生和重力一樣的效果。雖說如此，產生的重力還是比地球的重力小，因此體重會減輕，在太空飯店就能享受到利用這個特性設計的運動、遊樂設施及飯店體驗等。

門戶基金會的航海家太空站計畫（2027年～）

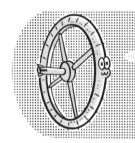

每個模組就像一個承租的商家。
太空站會成為「太空城市」般的存在！
・NASA及JAXA等各國政府機關
・Google、維珍等民間企業
・希爾頓、萬豪等飯店
　　　…等單位將逐一進駐

微重力效果充滿娛樂性！

● 音樂劇及迪斯可舞廳等娛樂

● 籃球場等運動設施

● 欣賞美景的無重力約會

未來，在地球附近的太空中，可能會有新的太空站出現。除了目前已經確定會與國際太空站對接的航海家太空站計畫之外，可能還會有從頭建造整座太空站的大型計畫等，各種形態及規模的太空站。

44

太空旅遊行程
「環月旅行」

預計會由日本ZOZOTOWN創立者前澤友作打頭陣，出發前往歷時5天繞行月球的正式太空旅遊！

💡 人類最後一次登陸月球的半世紀後，將以商業旅遊的形式再次登月！

當初以美蘇冷戰為契機，實現了人類登月的創舉。50年之後，終於要展開商業的環月旅行了。SpaceX推出的環月旅行服務，已由日本企業家前澤友作預定了9人位，成套訂購這趟月球之旅。票價總額沒有對外公布，不過據說大約有700～800億日圓。

● 伊隆・馬斯克＆前澤友作

環月旅行計畫

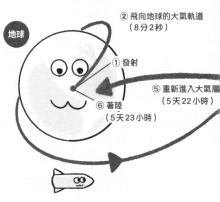

② 飛向地球的大氣軌道
（8分2秒）

地球

① 發射

⑤ 重新進入大氣層
（5天22小時）

⑥ 著陸
（5天23小時）

③ 往月球方向啟動噴射引擎

💡 向世界公開招募同行的8名組員！

前澤友作買下這趟環月旅行的所有座位後，決定向全世界招募他的同行組員，作法十分驚人。這項名為「dear Moon」的計畫，至今已收到來自全世界249個國家及地區，約100萬人的報名（2021年7月）。

公開於YouTube頻道上！

候補名單有哪些人呢？

候補名單包括：多才多藝的芭蕾舞蹈家（牛津大學物理學博士）／攝影師（2次獲頒普立茲獎）／奧運滑雪板項目金牌得主／體操選手／畫家／天體攝影師／世界知名DJ（Steve Aoki）／歐洲議會LGBTQ親善大使／（肯伊威斯特及瑪丹娜的）編舞家…等

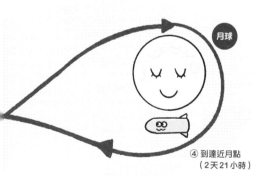

月球

④到達近月點
（2天21小時）

看的不是日出，而是「地出」，非常有趣！

在太空中產生的電影、音樂、照片、裝置藝術，都會成為人類史上最高峰的藝術作品，不難想像前往太空的票價可能具有700～800億日圓的經濟價值。稀有的太空旅行，或許會誕生出更多個人旅行體驗以外的價值。

45

實現輕鬆移動的太空電梯

如果能實現太空電梯的話，地球與太空的往來將會變得驚人地簡單！人造衛星及太空船也能經由這個途徑輸送。

💡 以安全、簡單、低成本的方式往來地球和太空

目前，為了對抗地球的重力飛向太空，必須使用大量的燃料。事實上，火箭的組成大部分也是燃料。因此，才會有太空電梯這種以電梯連結地球與太空來進行輸送的構想。

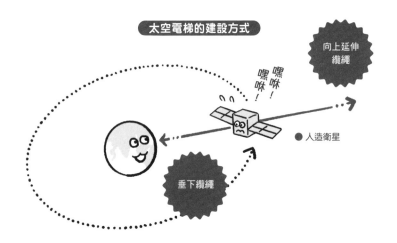

太空電梯的建設方式

向上延伸纜繩

嘿咻！嘿咻！

● 人造衛星

垂下纜繩

太空電梯並不是從地球往上建造，而是從高度36000 km的地球同步衛星朝地球方向垂落纜繩的特殊方式建造，利用人造衛星進行作業。為

了平衡地心引力及離心力，地球的對側也要拉一條用來平衡的纜繩，預計打造約10萬km（繞地球2圈左右）長的電梯。

太空電梯具有超多機能！

　若這個構想真的實現，前往太空的難度將大幅降低。因為存在各式各樣的重力點，實行前往月球和火星前的實驗、施放人造衛星及探查機等，都會變得更容易。此外，太空電梯的搭乘處是地球與太空的常態連結點，周邊想必也會為經濟、產業帶來難以計數的效益。

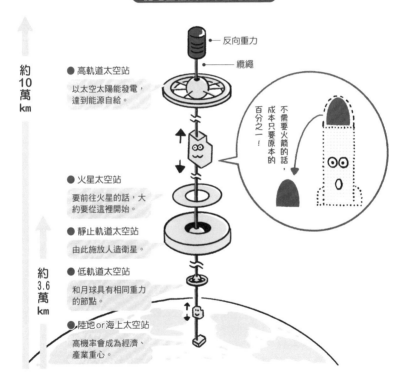

從地面往太空不斷地延伸

約 10 萬 km

反向重力

纜繩

● 高軌道太空站
以太空太陽能發電，達到能源自給。

不需要火箭的話，成本只要原本的百分之一！

● 火星太空站
要前往火星的話，大約要從這裡開始。

● 靜止軌道太空站
由此施放人造衛星。

● 低軌道太空站
和月球具有相同重力的節點。

約 3.6 萬 km

●陸地or海上太空站
高機率會成為經濟、產業重心。

　這原本只是一個空想的概念，不過在發現了奈米碳管之後，可行性便提高了。雖然難度非常高，但真的實現的話，原本以太空船為中心的太空產業結構將產生根本性的改變。

教教我！太空的工作

田口秀之　　　　太空船研究

Taguchi Hideyuki　東京大學碩士畢業，同時也是名工學博士。在三菱重工業從事火箭引擎的設計。經歷 NAL（航太技術研究所）的工作後，進入 JAXA 後，目前針對只要兩小時就能橫越太平洋的「極音速客機」在進行研究。並且，成功地完成了起飛後讓極音速引擎連續作用到 5 馬赫的運轉實驗（世界首見）。人生目標是搭乘自己設計的太空飛機前往太空。

Q 請問您從事的是什麼樣的工作呢？

A 我在 JAXA 負責太空船的研究。現在正針對太空飛機進行研究開發。

Q 「太空飛機」到底是什麼呢？

A 簡單來說，就是兼具飛機及火箭性能的交通工具。飛行方式可以像普通的飛機一樣，從機場起飛，朝太空飛行。除此之外，也能像普通的飛機一樣，飛往美國及歐洲等，用於地球上的移動。而且，從日本到美國只要 1～2 小時左右，非常快速。航空業界已經是個龐大的產業，比起飛向太空，地球上的移動需求應該更大。

Q 具體來說，工作內容有哪些呢？

A 主要是太空飛機的實驗及分析，其中又以引擎開發為一大重點，速度必須要能達到 5 馬赫（音速的 5 倍）才行。一般的客機速度不到 1 馬赫，這樣比較的話，各位應該就能大概知道 5 馬赫到底有多快了。透過火箭前往太空時，因為燃料的體積太大，可以容納人和物品的部分很少。而我開發的太空飛機，燃料體積較小，所以像能一般客機一樣，載運較多乘客。

Q 在工作上，大多是和什麼樣的公司和個人合作呢？

A 我們這些研究者的工作內容很廣泛，包含了設計、組裝及實驗。過程中，必須使用到許多高科技的零件，這些都需要有日本中小

企業的高度技術支援。除此之外，透過與空中巴士等海外製造商的共同研究，可以探討未來將其事業化的可行性。在工作現場，與有競爭關係的同業、機關進行合作，也能拓展出新的產業。

Q 在這份工作中有遇到什麼樣的困難和有趣之處嗎？

A 其實，開始現在這份工作的契機，是源自於我和太太的對話。我的上一份工作內容是進行太空火箭的開發，某天太太突然說：「我不想去什麼太空啦！比起那裡，我更想早點去歐洲。」在那之後，我就開始想著如何實現可以搭去太空、也能前往海外的太空飛機了。這已經是30年前的事了（笑）。不過，當時針對太空飛機進行研究的學者並不多，所以我先針對太空飛機能夠使用的極音速引擎建構了理論，並統整成一篇論文。接著，為了尋求將理論具體實現的方法，我前往英國留學。那時，有位勞斯萊斯噴射引擎的研究者對我說：「日本沒有製作超音速客機引擎的經驗，不可能做出太空飛機的引擎。」這番話反而讓我燃起心中的火焰。於是回國後，我就在JAXA開始了極音速引擎的實驗。最開始是失敗連連，不過經過多年的反覆改良，終於按照理論完成了引擎，獲得了世界的認可。目前正和國內外的製造商進行各種合作，商討事業化的辦法。乍看不可能實現的事，因為相信自己的理論，最後克服困難並將之實現，就是這項研究的有趣之處吧。當然，過程中還是吃了不少苦頭（笑）。

Q 請和讀者們說說關於工作的未來展望吧！

A 現在，從日本到美國、歐洲要搭10小時以上的飛機；不過，一旦太空飛機實現之後，只要1～2小時就能抵達了。這樣一來，海外旅遊及海外出差的形式都會大幅改變，相信對世界的經濟發展也能帶來一些貢獻。希望頭等艙和經濟艙的乘客都能搭看看太空飛機。據說美國正在考慮將總統的專用機「空軍1號」開發成為極音速客機。此外，我們開發的極音速引擎是以氫氣為燃料。氫氣可由再生能源的剩餘電力及水製成，引擎燃燒時就會再還原成水。以氫氣為燃料的極音速引擎技術，也能運用在引擎以外的各種領域。換句話說，這可能是實現能源循環的契機。這樣如夢一般的未來，是不可能憑一己之力完成的。希望各位能跨越產業及業種，大家共同實現關於未來的想像。

結語

　　謝謝各位能讀到最後，就算只是快速地看過插圖，相信也能大致瞭解太空經濟的輪廓吧。

　　本書的宗旨是以廣泛的概述，希望讓對太空沒有幻想的讀者能夠大致瞭解太空產業。

　　2015年秋天，我參加了一場世界最大的能源展覽，地點在阿聯的阿布達比。這同時是一場為了確保日本石油權益而進行的能源外交活動，我在展覽上擔任了「能源相關太空技術」展區的負責人。在各位讀者的眼中，這場展覽或許就像是存在於異次元世界，不過當時的我透過這次機會，偶然擔下了「太空產業的異業結盟」工作。

　　在那之後，又在因緣際會之下，創立了一般社團法人Space Port Japan。這次的任務是創造太空與陸地之間的節點，也就是太空機場。沒想到就這樣無心插柳，向愈來愈多與太空無緣的人推廣太空事務。

　　透過這樣的經驗，我開始思考：「未來的太空產業是不是需要和其他產業連結，才能消除這之間的鴻溝呢？」這就像是21世界初，網際網路與各種產業連結，最後吸收了所有產業的樣子。

　　所謂的太空，指的是100km高空的世界，其實距離感並沒有超過日本的一個縣。未來，通往太空的途徑會變得更容易，甚至不會感覺到100km高空的界線。最後，「太空經濟」這個詞彙甚至可能永久消失，就像「網路經濟」這個詞彙已經成為死語。

而現在，也正從「全球化時代」轉變為「寰宇時代」。在未來，每個人的工作及生活中都會自然地往來太空，迎來和太空產生互動的時代。

　　撰寫本書時，一般社團法人 Space Port Japan 及相關的夥伴都給予我很多的幫助，藉此機會也想向各位道謝。還有，由衷地感謝介紹這個大好機會給我、從頭到尾支持著我的すばる舍編輯部原田知都子小姐，以及插畫家前田はんきち、設計師岩永香穗小姐、八木麻祐子小姐、所有協助我完成本書的相關人員們。

　　此外，正在閱讀本書的讀者們，希望可以藉機讓大家對太空經濟產生一些興趣，期待有機會可以和各位共事。衷心期盼可以在太空中相會！

　　話雖如此，我其實有懼高症，還沒有前往太空的勇氣。不過總有一天，就算拖著顫顫巍巍的雙腳，相信我還是會追隨大家的腳步前往太空的（笑）。

2021 年 10 月 10 日
眺望著北海道十勝的天空

筆者

索引

参考文献

◎ 小野雅裕『宇宙の話をしよう』（SBクリエイティブ）2020年

◎ 渡辺勝巳著、JAXA協力『完全図解・宇宙手帳　世界の宇宙開発活動「全記録」』（講談社ブルーバックス）2012年

◎ NEC「人工衛星」プロジェクトチーム『人工衛星の"なぜ"を科学する　だれもが抱く素朴な疑問にズバリ答える！』（アーク出版）2012年

◎ 小泉宏之『人類がもっと遠い宇宙へ行くためのロケット入門』（インプレス）2021年

◎ 『これからはじまる宇宙プロジェクト2019-2033』（エイムック）2019年

◎ 『宇宙プロジェクト開発史大全』（エイムック）2020年

◎ 佐藤靖『NASA―宇宙開発の60年』（中公新書）2014年

◎ 石田真康『宇宙ビジネス入門　NewSpace革命の全貌』（日経BP）2017年

◎ 大貫美鈴『宇宙ビジネスの衝撃　21世紀の黄金をめぐる新時代のゴールドラッシュ』（ダイヤモンド社）2018年

◎ 齊田興哉『宇宙ビジネス第三の波　NewSpaceを読み解く』（日刊工業新聞社）2018年

◎ 第一東京弁護士会編『これだけは知っておきたい！　弁護士による宇宙ビジネスガイド』（同文舘出版）2018年

◎ 的川泰宣監修『図解ビジネス情報源　入門から業界動向までひと目でわかる　宇宙ビジネス』（アスキー・メディアワークス）2011年

◎ 鈴木一人『宇宙開発と国際政治』（岩波書店）2011年

◎ 大貫剛『ゼロからわかる宇宙防衛　宇宙開発とミリタリーの深〜い関係』（イカロス出版）2019年

◎ デイヴィッド・ミーアマン・スコット著、リチャード・ジュレック著、関根光宏訳、波多野理彩子訳『月をマーケティングする　アポロ計画と史上最大の広報作戦』（日経BP）2014年

◎ 山崎直子『夢をつなぐ　山崎直子の四〇八八日』（角川書店）2010年

◎ 山崎直子『宇宙飛行士は見た　宇宙に行ったらこうだった！』（repicbook）2020年

◎ 野口聡一、矢野顕子、林公代『宇宙に行くことは地球を知ること 「宇宙新時代」を生きる』（光文社新書）2020年

◎ 立花隆『宇宙からの帰還』（中公文庫）1985年

◎ 堀江貴文『ホリエモンの宇宙論』（講談社）2011年

◎ 堀江貴文『ゼロからはじめる力　空想を現実化する僕らの方法』（SBクリエイティブ）2020年